二魚文化

本書版稅將捐贈與兒童福利聯盟文教基金會，
用於推廣偏鄉閱讀。

書城
旅人

WANDERLUST
FOR
BOOKS

Contents

目 錄

Preface

序曲

無以名狀的狂想

> 闔上書頁時所有時間猶如雕像靜止，尚未啟動，這是一切漫遊的
> 起點，這是老靈魂，後來頻頻回眺，為之傷逝，為之悼亡的黃金時光。
>
> —— 朱天心，《擊壤歌》

　　關於這本書誕生的因緣與身世、這本書承載的見聞和反芻，我曾
無數次捧著筆記本和鉛筆冥思苦想：我應該如何梳理那些催促我上路
的機緣、又如何才能將 2014 年夏天的足跡安置妥當？儘管那些畫面
在腦海中仍清晰如昨，但欲下筆時，我卻始終不知道該寄以何種筆觸
與情感。我彷彿忘了自己旅行時的姿態，那些躍動的時刻、每一個充
滿啟發性的瞬間，如同被窖藏起來的老酒一般，沉沉地睡在過往歲月
的光影中。

　　然而，所有的旅人都有故事，所有的旅途都有起點。即便是說走

就走的青春躁動，也總有催促你逃離日常生活、迢迢遠赴的驅力和拉力。因此，在我沒頭沒腦地啟程之前，我打開了歲月的藥草櫃，任由封存在時間流中的記憶悄然傾瀉而出，並在那段靜悄悄的時空中，找尋所有催促我上路的蛛絲馬跡。或許這些機緣斷簡殘編、零碎不堪，裡頭既有沉重的回望，亦有無畏的浮想，卻都是有關文字、閱讀與書籍最青澀而誠懇的書寫。這些紀錄像無悔的邊疆戍卒，橫穿過兵馬倥傯的歲月，為我護衛最純粹的理想、記憶這年輕而昂揚的一刻。如果哪一天我走丟了，至少還有這些文字記著我想要的世界。

著名的書籍和閱讀史家阿爾維托・曼古埃爾（Alberto Manguel）先生在《閱讀地圖》（*A History of Reading*）一書的新版序裡，對新興的電子閱讀文化多有批判，字裡行間無不透著對紙本的珍視、懷想與求索。在心有戚戚的同時，我想起先前曾在一個偶然的機會下，收到了一本名為《文字的眾母親——活字版印刷之旅》的書。負責發行的出版社非常有心，特別選用了活字版印製扉頁以呼應書籍主軸。那落在蒼白紙面上的寥寥數字，相較於精細的電腦排版並不整齊，用手指拂過甚至能感受到明顯的紋路浮凸。然而，正是這略顯粗糙的幾行鉛字，封存了人們對文字最原始的敬意，在印刷技術已然改朝換代的現下，仍堅持用最虔敬的姿態為人類構築出複雜的思想，十分令人動容。

於是我不禁想，隨著電子媒體逐漸成為席捲世界、銳不可擋的潮流，知識的載體除了紙本外有了更多的選擇，那麼，人們選擇翻閱一

本書、打開一份報紙、細讀一份傳單，除了獲取資訊以外似乎有了更多的理由。也許是因為油墨使得文字更加鮮明有力、也許是因為書頁滑過指尖時有著無可取代的、真實的撫觸……有許許多多的可能和因為，而在這樣的爭辯中，紙本似乎漸漸成為一種信仰——你相信你需要它，而非你迫切需要它。

與此同時，紙本閱讀之於整個社會的意義，已成為這個時代最沉痛也最如鯁在喉的難題。由於紙本書已近危急存亡之秋，與之同生共息的出版產業鏈同樣也走到了嚴峻的十字路口，亟欲轉型與突破。詹宏志先生曾寫過一篇名為〈Google 時代的編輯〉的文章，裡頭對於數位出版的剖析令人深思警醒。他說，現在傳統出版業最大的盲點，是對於數位時代的出版業樣貌缺乏想像力。我們似乎走不出書的框架，執著於電子書等同將書本數位化的手法，卻忘了這個時代真正的衝擊不只是閱讀載體的變遷，而是整個出版型態都在爭辯重組。

假使我們將關鍵字檢索視作一種迅即的出版樣態，搜尋引擎便能一躍成為最具影響力的出版者。在人們獲取知識和訊息的管道越來越複雜的情況下，傳統出版業若仍停留在將紙本書轉為數位這樣的思維中，將永遠走不出僵局。當然，紙本書仍然不會消失，但無可否認的是它在人們生活中扮演的角色已然轉化，且這個社會對於知識獲取及出版的想像也大為不同。如何因應這種觀念上的劇烈變遷，才是傳統出版業真正的挑戰。值此風雨飄搖之際，繼續討論書店業的型態，似乎已成無謂而老掉牙的議題。然而，書店的價值及其存在的必要性，似乎是一場永恆而反覆的爭辯，諸如「連鎖書店」、「網路書店」、「獨立書店」和「二手書店」等等詞彙依舊在變遷的洪流中艱難地呼吸吐

納，時不時從蟄伏的角落一躍而出，提醒人們重新審視書店在個人生命、乃至整體社會中的位置。儘管對話仍在繼續，身處這座島嶼的我們，卻漸漸脫不開相似的談論方式，我們對書店的辯護、想像和期待，一直在差不多的胡同裡輾轉。當數位閱讀時代兵臨城下，我們能做的，似乎仍是召喚出那些紙本仍然獨霸天下的美好時光，抑或是疾聲呼籲書店作為寫書、售書、讀書的交流場域，有其不容置疑的空間意義。

　　然而，長期觀察下來，我認為臺灣的獨立書店和二手書店，越來越缺乏活力和創新的能量，除了一些已經營多年、確立其口碑與形象的書店外，其餘年輕的書店，大多走時下極為流行的「文青」、「藝文」風格，因此許多書店的氛圍和經營取向驚人地相似，越來越顯不出各自的特色和價值。除了書店風格越來越單一化外，書店彼此之間大多各自經營，較缺乏交流與合作，雖然時有有心人士聯合各地書店舉辦活動，但礙於距離遙遠等因素，尚難蔚為風氣，即便書店文化昌盛的溫羅汀地區，其現有的「溫羅汀獨立書店聯盟」，也少有動靜。

　　這些年來，因著在臺大求學之便，得以長期在溫羅汀這一塊得天獨厚的書店文化區打滾，[1] 而臺灣各地獨立書店和二手書店的生存現況，自然是我持續關注的重點。這幾年間，我努力地為書奔走，除了連續三年舉辦「走讀臺大・溫羅汀」、邀請書林書店的負責人蘇正隆先生以導覽的形式，深度介紹溫羅汀地區外，我更在校園內推出曬書節等活動，嘗試帶動書與人之間的交流。這些反抗的姿態無疑是屢弱的，但我們在這個僵局裡，約莫只能藉著這些努力且戰且走，我究竟還能為我熱愛的書本和書店們做些什麼？

作為一個老派的 Bibliophile，[2] 每當我深陷類似的惶惑中時，我總會想起書店觀察家鍾芳玲女士在 2007 年版的《書店風景》中寫下的一段話：「偶然在這間書店裡看到這樣動人的景象：一顆倒映著眾多書本的水晶球，一個背著水晶球的小金人。他彷彿在承載著什麼似的，也許是亙古以來所有難以想像的知識與力量。」當然，她的原話不是這樣說的，這大約還參雜了不少我自己咀嚼後的意思，然而言下之意卻那樣警醒而令人動容，我一直以做那樣的小金人為平生之志。

正在愁眉之際，那些有關人、書店與城市的揣想便從記憶深處一躍而出，引著我循著書頁一一重溫那些美好的舊夢。最早的時候，是 14 歲那年受海蓮・漢芙（Helene Hanff）的《查令十字路 84 號》（*84, Charing Cross Road*）和希薇雅・畢奇（Sylvia Beach）的《莎士比亞書店》（*Shakespeare and Company*）啟發，開始嚮往承載了書本與情感的城市一角；後來則是鍾芳玲女士用她精彩絕倫的《書店風景》，帶領我認識了那個以書築城、傳奇般的懷河畔海伊鎮（Hay-on-Wye，以下皆簡稱海伊鎮）。

只不過，當年的我除了驚嘆之外，並無多餘的浮想，如今四年多過去，在這個心靈逐漸困乏乾涸的當口，在書頁中依然如故的海伊鎮，卻有如雲破日出般，讓我看見了一線天光——我想知道在這個神奇的小鎮裡，地域與書店究竟有著怎樣的連結與互動？城鎮除了被動地作為書店、經營者和購書者互動、交易的所在，是否能夠主動地參與其中？我想去聽聽海伊鎮的居民如何看待人、書和土地間的關係，而他們的觀點能否為臺灣的書店業在黃昏中點起一盞燈？可惜的是，儘管海伊鎮已成立多年，相關的資訊在華文世界依舊少的可憐，多數的讀者對

此毫無所知,更遑論從中汲取養分和靈感。因此,若不親身遠赴一遭,我將只能駐足於此不忍離去,而上述這些問題將永遠得不到答案。

當上述這些機緣與憧憬交織在一起,出走的理由忽然變得無比清晰簡單——不過是一個長年浸淫於書海、對閱讀、出版及書店業懷抱著濃厚溫情與敬意的女孩,偶然遇到了一個名叫「思想地圖——龍應台文化基金會青年培訓計畫」的比賽,它為所有身負理想、懷揣著疑問欲往海外一探的青年人,提供跨出經驗邊境的契機。而我探尋書鎮的盼望正巧搭上了這班順風車,使我得以典當 2014 年的夏天,為自己換得一次完整的飛行。我甚至大膽地想,若是哪一天我的行旅能被更多人看到,那麼這個滿載著書籍與傳奇的小鎮,將會一直有人聽到、一直有人記得,而我儼然在海伊鎮之上,也創造出一部分的世界了。

走筆至此,只怕我的開場太蒼白冗長,曾有人問我能否用一句話總結我上路的理由、歸納我整趟旅行的開始?猶記得當時我萬分苦惱,驚覺自己的千言萬語竟難以用一言蔽之。正躊躇之際,我想起「思想地圖」放榜的那天夜裡,在我帶著滿心的喜悅沉沉睡去前,我模糊的低喃道,「海蓮・漢芙在鍾芳玲女士的邀請下,為《書店風景》這本書取的英文名字可真好—— My Love Affair With Books ——所有的故事,不都是從這裡開始的嗎?」

我莞爾一笑,持筆欲落,的確,所有的故事皆是由此開始。

我簡直等不及了。

---

1 所謂「溫羅汀」,意指在台灣大學週邊,以溫州街、羅斯福路和汀州路等三條街道共構起的街區,以林立的書店、咖啡館和人文空間著稱。

2 Bibliophile,意指愛書者、藏書家。

Chapter

1

Becoming a Traveler

　　現在是杜拜時間凌晨四點半，我彷彿在星空裡飛行了一輩子那般，自桃園機場啟程時是夜幕，睡了八小時筋骨酸痛後，醒來竟然還是一片漆黑。此時天還沒亮，臨近清晨的杜拜看起來遠不如我想像中那樣遙不可及、金碧輝煌，這裡就像任何一個普通機場，走道兩側的躺椅上睡滿候機的疲憊旅人，時不時有顯得無精打采、包著頭巾的女人疾步往來。這裡無疑是觀察生命百態極佳的田野地，組成的人群時刻變換，數不清的交會與告別構築出一個又一個頃刻間便灰飛煙滅的世界。然而，這些緣起緣滅在此毫不突兀，正所謂「有人上升，有人降落，卻都是適得其所」。

　　我在杜拜機場等候轉機的時光大抵可以這樣歸結：四處閒晃窺伺後，在凌晨五點半踏入長頸鹿咖啡館。點了一杯英式早餐茶加冰牛奶後霸佔一張雙人桌，上網、讀論文、小憩以及和鄰桌攀談。等到那杯茶在一拖再拖下終於見底，而我也不好意思在來往遊人虎視眈眈的目光下繼續佔位時，終於在早上八點拍拍屁股走人，在已然大亮的天光

مرحبا بكم في دبي
Welcome to Dubai

下繼續閒晃，順便在 Pinkberry 吃了一碗貴桑桑的優格冰淇淋。

晃來晃去終於讓我找著一個空的躺椅，一坐下去就知道完了，睡意之兇猛，讓我禁不住大著膽子，把背包電腦壓在身後蜷縮著睡去。醒來時已是十點出頭，方才熙來攘往的遊人少了泰半，以致醒轉時有恍如隔世之感。我抬手摸了摸自己已然開始發油的瀏海，咬咬牙跑去廁所，就著水龍頭和洗手乳開始沖洗。在那個瞬間彷彿有什麼東西啪地一聲破碎了，或許是自小在優渥之境中有意無意養成的嬌氣，又或許是無以名狀的矜持，總之當我混在各國女人間埋首水槽洗瀏海時，我似乎又成功攻克了某些心理障礙，朝無入而不自得的境界又邁進了一點。

頂著濕漉漉的頭髮走出廁所時，機場的螢幕終於閃出我的航班，我要去的登機閘口赫然在列。來到杜拜六小時，我終於知道自己將往何處去，而不是像先前那樣漫無目的地在 Gate B、Gate C 間失根地遊走。當我乘坐列車前往 Gate A 時，身旁有位理著小平頭的年輕男子對我露齒一笑，輕聲問道：「妳準備好要飛了嗎？」我聞言一愣，旋即便回以一笑，「嗨，我喜歡你打招呼的方式。」

我倆並肩坐在列車冰涼的座椅上，雖只泛泛地聊了些生活瑣事，未曾觸及心靈深處最幽微的情緒，然而在那個濕熱沉悶的夏日午後，我們並肩端詳往來的遊人穿梭如織，世界在那一刻有著前所未有的寧靜清透。我身處於空間之外，卻又置身於這個季節的時序之內，時空的交錯變化使這短短數分鐘的車程有如一輩子那樣長。在那個無比真誠的當下，無論我們背負著怎樣的過往，我們都是圓滿的、沒有缺憾

的。在身心靈盡皆疲乏的時日裡，我懷念那個夏天竟有如我懷念淡水的海風，有著近乎遊子遠行萬水千山的鄉愁。

到達 Gate A 後，我告別了飛行男孩，扛著行李獨自走到登機口。閘門旁的螢幕此刻正閃爍著銜接的航班，我盯著上頭斗大的「巴黎」出神許久。那瞬間我忽然明白，所謂遠走高飛，便是一種橫向加縱向的出逃，徹底遠離習以為常的生命座標，在充滿了未知的藍圖上尋找自己可能的定點。恍惚之際，我想起昨夜臨行前父親開玩笑地問我，「妳會不會一個人在路上哭啊？」當時只覺得老爸也真無聊，我都要21 歲的人了，哪那麼脆弱呢？沒想到我自以為是的灑脫還沒出境便已潰堤，我強忍住鼻酸和母親在海關前擁別時只任性地想，這畢竟是我長這麼大，第一次一個人出這麼遠的門啊！

還記得當年離家北上念書時，有些沉重地預期自己將不再有機會長留父母身邊，三年來果真不斷驗證這句話。我已然成為飛鳥，相遇與錯身，重逢與別離，從那年之後成為我人生中一道艱難卻必須反覆書寫的題。不斷地啟程彷彿是我的宿命，只願自己終能不負這些別離，不負總為我築好歸巢痴痴等候的朋友和親人，我總是能飛得越來越好的吧。

巴黎，巴黎

　　不知道是不是我的幻覺，但巴黎聖母院旁那個拉小提琴的年輕人，好像對著我眨了眨他如四月微雨般清澈的雙眼。我的不知所措似乎取悅了對方，他驟然停下手上的樂曲，一邊開懷大笑一邊向我脫帽致意。他逗趣的行為無疑沖散了窘迫的氣氛，我綻開一抹微笑，用生澀的法語道了聲早。當我還在心裡暗嘆一大早就有這樣的奇遇時，一位手持報紙的老先生與我擦肩而過，用異常標準的英文在我耳邊說道，「別太驚訝，我的小姑娘！這裡畢竟是巴黎啊，再多的浪漫都不為過，不是嗎？」我愣了愣，目送他步上橫跨塞納河兩岸的路橋，待回過神來時，竟也有些忍俊不禁。

　　是，這裡是巴黎。她或許是歐洲大陸上最威名赫赫的城市，而世人關於巴黎的頌讚與揣想，大抵不脫海明威那句擲地有聲的話：「如果你夠幸運，在年輕時待過巴黎，那麼巴黎將永遠跟著你，因為巴黎是一席流動的饗宴。」這裡有由一首首軟噥香頌纏綿繚繞而成的香榭麗舍大道；有沙特（Jean-Paul Sarte）和西蒙波娃（Simone de Beauvoir）

在咖啡館裡醞釀出存在主義的靈光乍現；有各方騷人墨客在二〇年代紛至沓來、高歌振筆的絕世風華；更有在凡爾賽宮裡永不老去的波旁王朝，舊制度王權至今仍在鏡廳的轉角熠熠生輝。

巴黎作為這些逝去亡魂狂歡之處，對一個無藥可救的浪漫少女有著不言而喻的魔力。因著深切的憧憬，國二那年參與博客來網路書店的「Dear Future Me」活動時，我曾提筆探問一年後的自己：「考完基測後，想去的巴黎去了嗎？」想當然爾，當年收到信時，巴黎對一個身無長物的國三生而言依舊如鏡中月、水中花，未竟的夢想也只能就此擱下。直到六年後我幾經兜轉，方才踏上這隅夢想之地。

從杜拜往巴黎的飛機上，我一邊望著窗外雲霧繚繞的匈牙利國土，一邊認真地反問自己：明明從未造訪，為什麼我會一廂情願地愛著這裡？是因為海明威（Ernest Hemingway）、費茲傑羅（Scott Fitzgerald）和喬伊斯（James Joyce）嗎？如果撇除這些文人的活動，巴黎的容顏又是什麼樣的呢？這些創作又如何形塑這座城市，使其成為一種精神質素融於巴黎的骨血中，引來騷人墨客不住地謳歌？這種「腳步未及，卻是吾鄉」的複雜情感，讓我想起先前明清檔案課上到長江圖時，熙遠老師提及他關於黃鶴樓的研究，如今看來竟與巴黎有交互掩映的況味。

因為崔顥那首千古絕唱的〈黃鶴樓〉，自唐代以降，悠悠千年時光流轉，黃鶴樓和芳草萋萋的鸚鵡洲成了多少人心中揮之不去的憧憬和精神地景。揣想之至，即便黃鶴樓明明迭有變遷、重建，而鸚鵡洲更早在明代便已消亡於滔滔江水中，古來的文人仍舊前仆後繼的援引這些意象不輟地書寫。黃鶴樓和鸚鵡洲儼然成了一種文本化的群體記

憶，儘管樓起樓塌、洲浮洲沉，屬於黃鶴樓和鸚鵡洲的精神嚮往仍舊百代傳唱不絕。

　　黃鶴樓的例子和巴黎終究不同，但所謂「藉文本堆疊起的集體記憶」卻令人心有戚戚。路易十四的巴黎、費茲傑羅的巴黎、畢卡索的巴黎和西蒙波娃的巴黎，她們各自存於不同的情境中，卻因著傳世的文字、繪畫和音樂而超脫了時空限制，攜手演繹出那個引人笑又引人哭、既真實又虛幻的巴黎。只要有人仍在閱讀、仍在書寫，巴黎便能繼續鮮活地存於想像和憧憬中，任時代沖刷卻永不老去。

-ʃʃʃ+

　　初抵之時，地鐵上突如其來的鬥毆與北站附近的亂象，引領我結識了悄然蹲踞在《悲慘世界》一角的巴黎。儘管暗夜裡的花都似乎危機四伏，但和剛認識的新朋友在夜半時分衝去花神和雙叟咖啡館朝聖時，心中湧起的感動仍如當年初識這兩家孕育了存在主義的咖啡館那般。只不過，年少時的我以為，將來若有一天能造訪此地，我定要花一天時間好好讀一些沙特和西蒙波娃；而今我真正來到這裡，卻是挾著長途旅行的疲憊，和新友舊識捧著茶、咖啡和冷硬的麵包，蹲踞在巴黎逐漸起風的夜色裡。

　　隔日醒轉之後，巴黎卻轉瞬間褪去所有斑駁的姿態，風姿萬千地向我走來。這裡無論是建築、氛圍乃至整個城市的色調，都洋溢著明亮的暖黃，與披戴著夏日陽光的路樹相得益彰。這是一個具有整飭美

感的城市，她的浪漫不是緣於某一兩處景點驚人的壯麗，而是整個城市都和諧畫一、優雅從容。每一處街隅、每一家商店、每一棟建築，無不為巴黎的容顏傾盡所有。他們聯手構築出這個城市的美好與聲名，並將這樣的堅持刻到骨子裡，因此，你放眼望去幾乎看不到突兀的鋼筋水泥，一磚一瓦一顰一笑皆蔚然成景，往往只要拐個彎，就能夠踏進一片寧靜的街區，裡頭舊日的風情宛然，彷彿時光仍舊在19世紀末葉徘徊，沉靜地抵抗外頭的風雲變幻。

總覺得這個城市保留了許多現代社會已然失落的價值與氛圍，包括自在的生活步調、對往昔歷史的保護與尊重。真正來這裡走一遭後，才有些明白為什麼人們總是對巴黎趨之若鶩。這裡就像是老奶奶的藥草櫃，乍看之下再尋常不過，但一打開就竄出屬於老時光的陳舊芬芳。還記得到巴黎的第二天，我和翌帆在蒙馬特山丘上信步閒晃。鑽出山頂熱鬧的市街後，我們驚喜地遇見一個俯瞰整個巴黎的絕妙景點。相較於身後熙來攘往的核心區，這裡的蒙馬特顯得無比沉靜，彷彿閉上眼睛可以在這裡聽見露水滴落的聲音。我走到坡道邊緣，低頭往下凝視巴黎在午後時分的姿態，我差點以為自己在下一秒便能凌空飛躍，將整個巴黎都收進我的行囊。彷彿在飛。

離開蒙馬特後，我倆又到巴黎鐵塔周邊繞了繞，直到晚上十點才蹲在聖多明尼克街旁（Rue Saint-Dominique），期待對門的 Cafe Constant 盡快放我們進去吃晚餐。等候之時，我沐浴在將暗未暗的天色裡，親眼見證濛濛的光線席捲巴黎的每一個角落。那一瞬間忽然深刻地體認到，此刻的我雖然身在異國他鄉，但生活一如我在老家那般，同樣夜以繼日，分秒不停。

夜間巴黎街頭的雙叟咖啡館。

Chapter

3

褪色的莎士比亞

過路的陌生人，你不知道我是如何熱切的望著你。

——華特・惠特曼，《致陌生人》

「早安。」

今天一早在巴黎北站和旅伴道別時，其實有些難以言喻的失落和惶恐，或許是臨行前的擁抱讓我終於意識到，自那一刻起，這個未知的世界真的只剩下我一個人踽踽獨行了。失去了友人的陪伴後，巴黎轉瞬間變得陌生許多，我用僵硬冷漠的神情將自己武裝起來，彷彿這樣便能抵禦所有未知的傷害。

我站在月臺邊呆愣了半晌，方才深吸一口氣、繃著臉抱緊了背包，和整車陌生疲憊的巴黎人一同向南飛馳而去。我在巴黎聖母院下車，

手持著昨天在雜貨鋪買的、鉅細靡遺的街道圖，鑽進小巷弄中開始尋訪書店。途中正巧經過一家賣巧克力酥餅的點心鋪，還未吃早餐的我被香氣吸引過去，有些怯怯地走進店裡，生硬地用法文打了招呼。

店主人聞言開懷地笑了，他劈哩啪啦、連珠砲似地吐出法文，那瞬間我忽然覺得放鬆了下來，雖然我不太會講法文、雖然巴黎感覺有些危險、雖然我有點忘記該怎麼一個人旅行，但沒關係，笑容和一句簡單的「Bonjour！」就是我的鮮花和武器。自那一刻之後，巴黎在我眼前忽然間就改換了面貌，我開始能享受這一切和獨自旅行必然的孤獨。我在心中默默地告訴自己，今天是 2014 年 7 月 29 日，屬於 20 歲的最後一天。很高興我在臨別之際，能以漸趨勇敢的姿態擁抱這座城市，然後不留一絲遺憾地向她道別。

我捧著熱呼呼的巧克力酥餅，行經帕什米納希街（Rue de la Parcheminerie）時，正好有個女孩逆著光立於轉角，捧著書賣力地抄寫著。她側身的剪影正巧落在對門的書店上，我因此特意停下了腳步，認真打量起這間本不在我的名單上、卻以這樣奇異的姿態躍入眼簾的書店。我推開大門，頂上有面加拿大的國旗正迎風飛揚，一再拂過門框上那行斗大的燙金字：修道院書店（The Abbey Bookshop）。

正如它外觀所展示的那樣，修道院書店是巴黎第一家兼售英語和法語書籍的加拿大書店，1989 年由店主布萊恩 • 史賓賽（Brian Spence）創立。或許是因為此地位處巴黎核心、精華的拉丁區，隱身於小巷內的修道院書店相當狹小，一走入店內，滿坑滿谷的書便拔山倒樹而來，無論是一樓抑或地下室，無不充斥著源於汗牛充棟的震撼

與壓迫感，使人萬分驚嘆這樣的斗室竟能容納如此多的書。這裡大約有三萬五千本以上的書籍，涵蓋的主題亦相當廣泛，除了常見的旅行指南、文學作品外，這裡最值得稱道的是藏有大量人文社會科學類的作品，其中甚至有在整個歐陸都難得一見的收藏。

當我如飢似渴地在店內翻看書籍時，冷不防被人輕輕拍了拍肩頭。我猛然回過身，修道院書店的女店員正捧著一杯冒煙的伯爵茶，瞇著雙眼親切地問道，「要喝點嗎？」我感激地接過茶杯，小心翼翼地繞過堆積如山的書籍到店外享用。我捧著伯爵茶，坐在帕什米納希街上默默地端詳過往的行人，然後對每一個陌生的臉孔都抱以問候和微笑。那一瞬間，我忽然覺得自己正躋身於街道中洶湧的人流，用一種觀望與回眺並存的姿態，在城市模糊的邊境間晃蕩，然後與每一個真實存在於這座城市的人擦身而過。

那些今天早晨還萬分困擾我的無助惶惑，在我背靠著修道院書店閉目養神時，全都消失不見了。我忽然無比慶幸此刻我是孤身一人，如此一來即便心中浮現再多感慨都不嫌吵雜洶湧。思及此，我忍不住輕聲地哼起歌，捧著茶杯在狹窄的巷內一圈圈地旋轉，任我的雪紡長裙在微陰的天色下漾開一朵又一朵花。

離開修道院書店後，我從容地拿著巴黎地圖，在繁複的巷弄間鑽來走去，甚至在幾次尋訪未果、轉過身卻柳暗花明後，學會享受迷路帶來的不經意與驚喜。這些事物，或許是我在巴黎的最後幾個小時，除了帶走許多書與人的故事之外，所收穫的最好的禮物吧。

修道院書店的外觀。

落筆之前，我忽然想起十九世紀英國詩人亨利・道布生（Henry Austin Dobson）在〈時光悖論〉（"The Paradox Of Time"）一詩中所留下的吉光片羽：「說時間不再，你錯了！常駐的是它，走的只是你我。」[3] 這大約可以總結我終於見到莎士比亞書店後，乍起的雀躍與隨之而來的憂傷吧。

　　前面曾經提過，啟發我踏上旅程的眾多因緣中，有《查令十字路84號》和《莎士比亞書店》這兩本至關重要的書。它們各自樹立起讀者與書店的互動典範，總使我在掩卷後不住思忖，書店作為讀者、作者、出版商間聯繫和交流的場所，也許不僅是書本販售的空間，甚至能以無與倫比的影響力，牽動當時代的文學、藝術乃至出版走向。究竟書店在其所屬的文化圈中，除了售書形象外，還可能扮演哪些角色？對於讀者又有怎麼樣的影響？當然，《查令十字路84號》是屬於倫敦的故事，如今我身在巴黎，《莎士比亞書店》自然是我此行的主角。

　　這本書是巴黎莎士比亞書店創辦人希薇雅・畢奇（Sylvia Beach）的自傳作品，裡頭詳述了這個小書店自 20 世紀初年以來的所有身世。第一次世界大戰結束後，畢奇女士帶著她對巴黎的浪漫嚮往，與許多懷揣著相似憧憬的美國青年一道，來到這個號稱「世界藝術之都」的夢想之地。畢奇女士最初打算從事法國文學研究，但在一次偶然的機緣下，結識了在巴黎開法文書店的老鄉阿德里安娜・莫妮耶（Adrienne

Monnier），這位頗有性格的書店老闆帶給畢奇無盡的靈感，促使她於1919 年創辦了專售英文書籍的「莎士比亞與同伴書店」（Shakespeare & Company），除了將英文作品引入法國外，她更嘗試將書店打造為文學交流、碰撞的園地，讓有需求的學人、作家和讀者在此悠遊高歌。

更有甚者，畢奇女士嘗試提供的不只是精神食糧，她甚至向那些窮困潦倒、一文不名的騷人墨客伸出援手。對那些在巴黎掙扎逐夢的異鄉人而言，現實的風雨總讓他們在創作與生活中飢寒交迫，許多人甚至流落街頭、居無定所。此時，畢奇女士溫暖的書店無疑點亮了他們困頓的前程，使他們得以無後顧之憂地展翅鵬程。也許有人會想，這樣的援助根本毫無意義，畢竟這些窮酸作家們多如過江之鯽，他們難道都是蒙塵的莎士比亞嗎？然而，畢奇女士和她的小小書店，真的守護了許多尚未長成的文學巨匠，比如海明威、詹姆斯・喬伊斯。他倆在二〇年代先後來到巴黎闖蕩時，都曾受惠於畢奇女士的援助，而喬伊斯那本驚天動地的天才作品《尤里西斯》（*Ulysses*）甚至是在畢奇女士不畏艱難地堅持下，才得以問世付梓的。

除了這兩個在英美文學史上舉足輕重的大師外，曾在這裡駐足往來的藝術家尚有葛楚德・史坦因（Gertrude Stein）、費茲傑羅、亨利・米勒（Henry Miller）、威廉・福克納（William Faulkner）、艾茲拉・龐德（Ezra Pound）和喬治・蓋希文（George Gershwin）等人，他們如流星般劃過那個咆嘯而璀璨的二〇年代，並在此後陸續撐起 20 世紀上半葉的英美文學界和音樂界。你甚至可以說，如果畢奇女士當年沒在塞納河畔開了這家「莎士比亞與同伴書店」，我們如今的世界將會大不相同。

修道院書店內的藏書量十分驚人。

即便地下室入口處也是汗牛充棟。

　　畢奇女士勇於在動盪的時局中擎起一盞燭火，她可愛的書店身兼藝文沙龍、落魄作家庇護所、出版商、禁書販售者等多重身分，不僅深深介入當時法國藝文界的脈動，甚至在無數騷人墨客前仆後繼地書寫下，成為巴黎的精神地景和永遠的「鄉愁」。然而，伴隨著善心與溫情而來的，除了高漲的名氣和人流外，往往也有飛來橫禍。「莎士比亞與同伴書店」在當時名氣之盛，甚至連納粹軍官都登門指名要買喬伊斯的《尤里西斯》。天生傲骨的畢奇女士當時斷然拒絕售書給侵門踏戶的納粹人士，此舉自然激怒了該名軍官，回去後便下令查抄書店，當時已年過半百的畢奇女士亦受到牽連、鋃鐺入獄。儘管半年後，畢奇女士便獲釋出獄，但身心遭受沉重打擊的她，已無力撐起一家書店，曾守候在塞納河畔、宛如燈塔一般溫暖人心的「莎士比亞與同伴書店」，就這樣歇業了。

　　令人意想不到的是，那些因「莎士比亞與同伴書店」而起的光亮太盛，以至於書店關閉十年後，仍有人心心念念著當年的盛況。1951年，一個自稱是美國著名詩人惠特曼（Walt Whitman）子孫的男子來到了巴黎，並在「莎士比亞與同伴書店」的原址附近開了一家秉持相似精神的書店，並又一次成為第二次世界大戰後美國那「垮掉的一代」（Beat Generation）在巴黎發展的基地。他叫喬治‧惠特曼。

　　十年後，這兩個先後在塞納河畔守候英美學人的書店業者終於見到彼此，而畢奇女士正式將曾經屬於「莎士比亞與同伴書店」的一切，全數授予喬治‧惠特曼，使他能夠繼承「莎士比亞與同伴書店」所有的精神和聲名，在塞納河畔、聖母院旁持續守望。三年後，恰逢莎士比亞誕生四百年時，惠特曼正式將「莎士比亞與同伴書店」改為我

們如今所知的「莎士比亞書店」，此後書店形貌大致抵定了下來，一直到半世紀後的現在。

畢奇女士、惠特曼先生和他們的書店讓我明白，原來書店作為作者、出版商和讀者間聯繫和交流場所，它不僅是書本販售的空間，甚至能對當時代文學、藝術、閱讀、出版藝術發展發揮重要影響。「莎士比亞書店」儼然是愛書人的麥加，相較於已然消逝的馬克與柯恩書店，[4] 它更是幸運地挺過了歲月的風霜，近百年如一日地穩穩立於塞納河畔，可望亦可及。某個程度上我是個過度沉湎於舊時光的人，或許就像導演伍迪艾倫在電影《午夜巴黎》裡所描繪的那種人，我總是在過去的洪流中翻撿我的黃金時代，那些我無從參與的歲月，總是比現實更能直擊我心靈深處。

因此，當我終於戰勝巴黎的街道地圖、成功找到書店所在的布胥希街（Rue de la Bûcherie）時，光是遠遠地望著它綠色的遮陽棚和招牌便忍不住鼻酸了。這裡沉湎了太多舊日的榮光與古舊的塵埃，足以讓所有心醉於歷史、書本以及那個黃金年代的人深深嚮往。我屏住呼吸，極力放輕自己的步伐，小心翼翼地踏進這間我擱在心中、萬分呵護的書店。然而，直到真正踏進這裡，才明白我深深嚮往的那家書店終究只存於人們的懷想中。極目所見的一切，有如那些從美夢裡乍然醒來的清晨，你知道夢裡那些美好的光影再也不會回來了。

這間小書店因著畢奇女士和惠特曼先生而偉大，但似乎也隨著他們的逝去而燃盡所有生命力與光亮。我所信仰的莎士比亞書店如今深埋於故紙堆，那些使她閃耀的人事時地物永遠在紙上燦然如昨。如今

莎士比亞書店裡販賣種類眾多的周邊商品。

BE NOT INHOSPITABLE TO STRANGERS
LEST THEY BE ANGELS IN DISGUISE

莎士比亞書店內充滿智慧的語句。

立於此地、真實可觸的「莎士比亞書店」，乍看之下雖然擺設依舊、小巧依舊、溫馨依舊，卻承載了所有時光流逝的重量，只餘空殼而少了靈魂。當年的「莎士比亞書店」為後人留下太多財富，以至於如今的書店經營者彷彿在消費這些資產般，他們不僅推出有些昂貴的周邊產品，當年供作家們安歇的床如今也只閒置在那，供往來的遊客參觀嬉戲。

　　我一時也說不清這是不是為求生存的無奈，抑或是書店本身在時光遞嬗間的必要轉化，然而這裡就像是任何一處巴黎的觀光景點那樣，它雖仍稱職地屹立在此，卻已然失去往昔的光彩。喔，請不要誤會，它仍然是一家不錯的書店，如果你是想在巴黎挖寶買本英文書，這裡應該不會讓你失望；但如果你像我一樣，貪婪的想在這裡挖掘更多、追索更深，那麼或許我們都要漸漸接受，如今的莎士比亞書店有著嶄新的面容，而我們嚮往的那些寫意風流，早被洶湧的時光悉數捲走，只餘模糊的光影供人們反覆傳抄與記憶。臨別之際，我站在塞納河邊上回望書店時，心中一片荒涼。我忽然想起張愛玲所說的，「時代是匆促的，已經在破壞，還有更大的破壞要來。有一天我們的文明，無論是昇華抑或是浮華，都要成為過去。」

---

3 原詩句為：："Time goes, you say? Ah no! Alas, Time stays, we go."
4 原名是 Marks & Co.，位於倫敦查令十字路 84 號，《查令十字路 84 號》一書的主角。

補遺

在我短暫的機緣下所映照出的影像，是屬於我一個人的、充滿了偏見的「莎士比亞書店」。然而，在傑若米‧莫爾瑟（Jeremy Mercer）的筆下，如今由希薇雅‧惠特曼領軍的「莎士比亞書店」依舊一如當年，秉持著相似的精神在此守望。有機會的話，歡迎你們去讀讀莫爾瑟先生的《時光如此輕柔：愛上莎士比亞書店的理由》，也許你們可以從那些既機智又溫柔的文字中，找到屬於你的「莎士比亞書店」。當你終於和它磨出感情後，你會發現所有你嚮往的、所有你曾經擁有但如今遺落的，在此地都記憶如新永不老去。

書店資訊

Shakespeare and Company 莎士比亞書店
Address: 37 Rue de la Bûcherie, 75005 Paris, France
Telephone: +33 1 43 25 40 93
Opening Hours: Mon.-Sun. 10:00-23:00

同場加映

希薇雅‧畢奇（Sylvia Beach）著，陳榮彬譯，**《莎士比亞書店》**，臺北市：網路與書出版，2008。
傑若米‧莫爾瑟（Jeremy Mercer）著，劉復苓譯，**《時光如此輕柔：愛上莎士比亞書店的理由》**，臺北市：馬可孛羅，2011。

Chapter

4

日出之後，21 歲

　　從睡夢中驚醒時，是英國時間 2014 年 7 月 30 日凌晨四點。那瞬間微微有些茫然，愣了幾秒之後才想起來今天我滿 21 歲了。自從人生開啟 2 字頭後，我似乎過了會在意生日的年紀，此刻無論是在臺灣和英國，我都需要一點契機才想得起今天是個特殊的日子。第一次在有時差的異國他鄉經歷年庚交替的感覺萬分奇妙，就好像有許多個你身處在平行時空中，遠在臺灣的你已然跨過歲月的疆界，但腳下所踩踏的歐陸，卻寬容地讓 20 歲往復徘徊、緩緩逝去。

　　在《新世紀福爾摩斯》的拍攝地吃過超大份的英式早餐後，我準備到倫敦派丁頓火車站（Paddington Railway Station）搭西行列車前往威爾斯。沒想到繼昨晚在黑線地鐵不斷坐錯方向後，今早搭環線地鐵又遇到障礙，我開始相信搭倫敦地鐵需要一些智商，不然你永遠不知道在路線圖看來一條大路通羅馬的地方，竟然還要有技巧地轉車才能成功抵達。到了派丁頓後，再次被英國的鐵路系統折磨，我的月臺資訊一直到出發前四分鐘才顯示，導致我必須拖著超大的行李箱在車站

內狂奔，幸好途中遇到一個好心的英國男士伸出援手，不然我大概會在抵達書鎮前便出師未捷身先死了。

當我終於安穩地搭上火車後，我長吁了一口氣，靜下心來端詳火車飛馳出倫敦後沿線的景色變化。從史文頓（Swindon）開始，舒緩的鄉村景色逐漸盤踞整個窗框，時不時會有幾隻牛悠閒地走過，為這幅靜態的風景畫平添幾絲流動之感。凝睇眼前迥異於城市的一切，我忽然覺得巴黎和倫敦都已經是上輩子的事情，而我正飛速馳向一個無從想像的地方。

前往海伊鎮的旅途有些迂迴，從倫敦出發後必須先在紐波特（New Port）換乘往北的火車，一路坐到離海伊最近的火車站赫瑞福德（Hereford）後，方能轉鄉間公車到鎮上。當我經歷了幾番兜轉，帶著我沉重的行李抵達赫瑞福德的公車站牌時，我心中的雀躍和期待簡直要噴薄而出，我不敢相信那個自年少時便長駐心中的小鎮，如今只餘咫尺之遙。

然而，這種滿漲的喜悅很快就被意外毀滅殆盡。赫瑞福德的公車系統不知何故，忽然全亂了套，原先預計 16:45 出發前往海伊鎮的車班無預警取消，而我就在站牌旁空等了兩個小時，直到 17:50 最後一班車姍姍而來。我難以用筆墨形容當公車久候未至時，我內心的惶恐與無助。焦躁之至，我甚至痛恨這一切、痛恨自己為什麼要千里迢迢跑來這裡，在幾乎空無一人的城市邊緣，等一班除了我之外再也沒有其他乘客的公車。為了排遣焦躁，我打電話到當地的旅遊專線確認班次、打電話給人在倫敦逛大英博物館的朋友訴苦。然而掛上電話，我

仍舊是獨自一人，扛著有點超出負荷的沉重行李，孤單地站在一個極
為美麗卻極度陌生的小城。

　　所幸最後一班公車如期而至，我離開赫瑞福德，啟程前往座落於
布雷肯山國家公園（Brecon Beacons National Park）邊境的海伊鎮。兩地
間約需要一小時車程，聯結的公路相當荒涼，兩旁淨是開闊的原野與
低緩的山丘，間或有一兩個小村落點綴其間，就好像蘇珊大嬸當年在
選秀節目上（Britain's Got Talent）上介紹自己的家鄉那樣，這裡是一串
連綴在一起的村莊。由於沿途的景色太過相似，再加上今天搭乘交通
工具格外不順，我一路上提心吊膽、瞪大眼睛努力辨認路旁每一處指
標，深怕會因坐過站而流落街頭。幸好海伊鎮的古堡高高矗立於山坡
上，在一片綠意中格外醒目，我幾乎在看見巍峨宮牆的那一瞬間便知
道海伊鎮就在那裡。這個我心心念念的小鎮隨著車輛行進，從迢迢的
遠方緩步而來，在西斜的暮陽照射下如此令人動容。

　　我提著行李有些艱難地下了車，一位同行的老先生友善地問我知
不知道等會要往哪裡去、需不需要幫忙，我感激地對他綻開笑容，搖
頭婉謝了他的好意，只席地而坐，靜靜地等著接待我的民宿老闆娘前
來。她叫安妮，是個快活的老奶奶，開著可愛的小車在我面前停下，
搖下車窗愉悅地告訴我她準備了生日禮物和卡片，等會打算帶我去鎮
上的西班牙小酒館慶祝一下。

　　我必須說，踏上這個小鎮後，我才明瞭「人是旅途中最美的風景」
絕非口耳相傳的陳腔濫調，而是實實在在、熨貼心靈的溫暖人情。我
想我永遠都不會忘記，剛滿 21 歲的這一天，一群初識的老人家陪著

我這個初生之犢，在酒吧暖融的燈光下溫柔地告別這個特殊的日子。幸運的是，我們去的酒吧正逢詩人之夜，酒酣耳熱之際，我還能捧著飲料杯走到後院，聽一位年輕詩人激動地朗誦他新寫的詩。其實我聽不太懂他繁複的語句想表達什麼，但這樣一個藝術隨處可見之地，還是讓人無比驚奇。

　　喝完最後一杯卡布奇諾，我隨著安妮和她的先生麥克踏入逐漸暗沉下來的天色裡。或許是狂歡後的餘韻仍在暗暗發酵，當我們沿著鄉間小徑踱步回家時，安妮和麥克忍不住哼唱起迷人的小調。兩人溫柔的聲線散入徐徐的清風，使這個初來乍到的小鎮在頃刻間宛如故鄉一般。走著走著，我忽然覺得這一路以來遭逢的所有困頓都消失殆盡，此刻我有這些可愛的新朋友，且風景在此，歲月靜好。

乍見海伊。

Chapter

5

狂人布斯

　　還記得思想地圖記者發布會那天，與我同桌用餐的女孩友善地對我笑了笑，用足以照亮整個會場的爽朗氣魄問道，「嘿，妳也是今年思想地圖的獲獎者嗎？妳的計畫是以什麼為主題？」聽完我有些靦腆的應答後，她饒富興趣地追問，「書鎮（Book Town）？那到底是什麼啊？」問得好。這大概是我遠赴英倫前，所有伴我啟程的人共有的困惑——「書鎮」究竟是什麼東西？乍見這個詞彙，想必多數人都丈二金剛摸不著頭腦，它指稱的是一個汗牛充棟的小鎮嗎？還是遠方某個以書為名的小地方呢？

　　其實，它是指以二手書或古書店業為重心的鄉村小鎮。有別於臺灣現有的書街、書區（如溫羅汀地區）等，書鎮以書店為主軸進行社區規劃和營造，是一個更具主動性的概念。書鎮儼然成為一個品牌，鎮內的大小書店在售書的基礎上，聯手構築出一個以書店文化為主軸、兼及各類藝文活動及生活機能的社區。這個有趣的概念自理查・布斯（Richard Booth，1938 －）在懷河畔的海伊鎮（Hay-on-Wye）首

創後，成為一個專有名詞，任何一個村莊要冠上「書鎮」這個名銜，都必須經過國際書鎮組織（International Organization of Book Towns）的審核與認可。

然而，任何概念都不是憑空而生，理查・布斯緣何提出這樣的構想？又是什麼樣的地方足以承負這樣有趣的點子，甚至將其發揚光大？上述這些提問，無不與書鎮的起點海伊鎮息息相關，因此在開始遊歷「書鎮」前，我們勢必要先談談海伊的前世與今生。海伊鎮依著黑山、傍著懷河，座落於英國威爾斯及英格蘭邊境線上，在半個世紀以前，還是個沒沒無聞的無名小鎮，與眾多相似的村鎮一同在戰後劇烈的社會變遷中，艱難地尋找新的定位。

五〇年代末的海伊鎮，由於人們逐漸能負擔私人交通工具，鎮上居民的生活圈開始從自家村莊擴及周邊的小型城市。如此一來，那些曾在小鎮經濟體內扮演要角的商販頓失優勢，經營益發艱難慘澹。除此之外，當時威爾斯礦業走入困局，在遲遲未有新興產業入駐的情況下，年輕人在此除了農作外找不到其他的工作機會，遂相繼離開海伊去尋找更合適、更有前景的工作。這個曾經繁榮、熱鬧，每逢趕集和牲口交易日便會無比歡騰的小鎮，就此陷入了前所未有的低潮。

雪上加霜的是，六〇年代初期，恰逢英國鐵路局決議整治國內紛繁複雜的鐵路網，考量過經濟效益後，他們關閉了部分規模較小且價值不高的線路。在這一波裁減的浪潮中，包括自赫瑞福德經海伊到布雷肯（Hereford-Hay-Brecon）的鐵道，而這條服務了威爾斯鄉村近百年、對小鎮的交通與經濟皆有莫大貢獻的線路，就這樣在 1962 年 12 月 31

日最後一班車駛入站臺後，正式告別了這個寧靜的小鎮。位於紐波特街（Newport Street）上的火車站關閉了，這對海伊鎮而言宛如一個時代的結束，那些美好的榮景與舊時光隨著遠去的火車漸行漸遠，不再回來。然而，不管小鎮的居民有多麼憂傷，時間依舊滴滴答答地走，他們不能就此停留在往昔的光輝中，是時候改變整個小鎮的經濟型態了。

在海伊鎮一連串的復甦運動中，有個生於斯、長於斯的狂人扮演了最關鍵的角色——一手創立書鎮的理查‧布斯。1962 年，也是海伊火車站關閉的那一年，23 歲的理查‧布斯甫從牛津大學畢業回到家鄉。當時他所面臨的難題大概跟現今的大學畢業生如出一轍：在只有一個歷史學位的情況下，他這樣一個追求自由、創新，並有著鮮明無政府主義色彩的年輕人，要靠什麼養活自己？起初，他打算以會計起家，但他很快便發現自己既沒能力又沒興趣。放棄會計後，他將眼光轉向古董業，但幾次失敗的闖蕩經驗又澆熄了他的滿腔熱血。在所有人都認為這個牛津男孩已經黔驢技窮、走投無路的情況下，他忽然以 700 鎊買下了教堂街（Church Street）上的舊消防局（該地現為波茲書店，Boz Books），並得意洋洋地表示房子對面就是小鎮著名的藍野豬小酒館（Blue Boar）。

說實話，有個年輕人在鄉下買了一間老房子，這本不是什麼值得大書特書的事，但這筆房產交易如今看來，卻宛如海伊鎮革命史的開端，為後來的一切巨變寫下了序曲。正是這間不起眼的老房子，使海伊逐漸從一個寂寥的市鎮轉為全世界規模最大的二手書和絕版書集散地。睽違多年後，交易再一次成為海伊鎮的骨血和活水，只不過主角

從牛肉、玉米搖身一變成了書籍。

　　當然，這些都是後話，布斯於 1962 年買下這棟房子時，他只覺得賣書似乎是個不錯的點子。對一個樸素的、以趕集和農業為主的小鎮而言，這樣的「文化事業」自然備受村人質疑，即便是布斯自己的母親，都認為在一個沉寂的市鎮開書店太過異想天開，對自家兒子直言道：「你撐不過三個月的，海伊鎮根本沒人對閱讀感興趣。」然而，這個反骨的男孩並未就此退縮，他為了拓展自家書店的貨源遊遍了英國每一吋土地，向各類書店、圖書館和私人收購書籍。最有趣的一次經驗是他在愛爾蘭邂逅一間至少兩百年無人聞問的圖書館，當他買下裡頭所有書籍時，上頭堆積的灰塵之厚，簡直像新生的幼兔那般毛茸茸。

　　對布斯而言，他在小鎮開二手書店，著眼的從不是海伊鎮的居民，他的目光放在全世界。他認為二手書、絕版書絕對有市場，但因為它們太過分散，對多數的人而言無異於大海撈針，在這樣的情況下，我們很難感受它有多大的商業潛力。然而，若主動把他們都蒐羅到一處，將會徹底改變這個局面。在他瘋狂蒐羅書籍時，海伊鎮大量閒置且異常便宜的房產，便適時提供布斯源源不絕的擺放空間。小鎮裡甚至有勞工順應時勢，為布斯包攬了運送、歸類書籍等粗活，以換取相應的薄酬。[5] 在眾多機緣巧合下，布斯的書店事業開展地相當順利，而人們對於「海伊鎮沒人閱讀」的疑慮，竟也神奇地消弭於無形。

　　「舊書永遠不死，」布斯總是強調，「即便某本書對 99% 的人而言都無聊透頂，總是會有那麼 1% 的人──不管他是誰、在哪裡──會毫不猶豫地買下它。」他大量囤貨的作法無疑奏效了，驚人的藏書

量使他的書店名聲鵲起，不僅有意尋書的人紛至沓來，甚至有大學和圖書館為了蒐羅特定領域的藏書前來投石問路。由於他的事業快速地站穩腳跟，逐漸積累起來的財富使布斯得以在短短一年內，便向維克多·圖森（Victor Tuson）買下海伊古堡，並將之改造成極具噱頭的古堡書店。

在幾乎遊遍了英倫後，布斯開始將蒐書範圍拓展至美洲。幾次旅行下來，他至少帶回一萬五千本書，有趣的是，許多慕名而至海伊買書的遊客，往往和他們所買下的書來自同一座城市，各自飄洋過海後方在海伊相逢。自 1962 年創業後的十幾年間，他的事業越發紅火，除了起家的書店外，他更在鎮上開設各類主題書店，販售醫療、地志、週刊、自然史等書，種類之廣，甚至兼及色情書刊。到了七〇年代中期，布斯手下有超過二十名員工和上百萬本書，他的藏量之豐，甚至登上金氏世界紀錄，成為全世界持有最多二手書和最多書櫃的人。

儘管做的是最平凡的生意，布斯的眼界卻從未被這幢小小的樓房框限，他有更遠大的理想。他開始廣邀各方的書店業者來到海伊鎮，極力倡議在此地建立起全世界第一個「書鎮」（Book Town）。然而，布斯憑什麼吸引別人來到這裡？書鎮概念究竟怎麼推行起來的？這些看起來極為困難的問題，對布斯而言卻簡單不過——他是造勢和行銷的天才，擅於使用各種譁眾取寵（有時甚至可以稱得上無禮）的手法來推銷自己，其中最著名的例子發生在 1977 年的愚人節。

布斯祭出一個愚人節大禮，他向全世界宣布海伊為獨立王國，並自封為理查國王（King Richard, Coeur du livres）。他在海伊古堡前的廣

場向「臣民」們演講並宣示就職,並表示在他的新政權底下,一本護照只要價 75 便士,同時,任何頭銜與封號都能以金錢換取,那些渴望成為貴族但無奈缺乏血緣的人,可以用貨真價實的 15 鎊換取一個伯爵的聲名。如果手頭寬裕,不妨考慮花 25 鎊買個公爵,但若預算不夠,騎士只要 2.5 鎊,相當親民。這些舉措對布斯而言,或許只是個可愛的玩笑,除了為書店造勢外,也可以發洩他對無趣的政府和議會的怒火。儘管宣布獨立、自封為王等舉動引起極大的爭議,但不可諱言的是這個異想天開的點子的確奏效了,當時有三家電視臺和八間通行全國的紙媒相繼報導此事,使這個有點超現實主義的想法成為家喻戶曉的事。

　　一時之間遊客和媒體蜂擁而至,所有人想知道這個狂妄的布斯究竟是何許人也、這個神奇的小鎮究竟長什麼樣子。布斯幾乎可以說是一夕之間,成為全英國最有名的二手書店主,同時也是最有名的怪咖。在這樣的名氣加持下,他以書築城的理念的確吸引不少有志之士奔赴海伊鎮,使鎮上的書店業愈加蓬勃興盛。

　　然而,書鎮的意義遠不只如此。對布斯而言,提倡書鎮不只關乎書籍和閱讀,他更希望能藉此翻轉人們對鄉村經濟的想像。他痛恨旅遊業和官僚體系每年花費數百萬英鎊破壞農村社區,可惜的是,他早年對於振興鄉村經濟的願景,往往被輕忽地視作太過理想的空話。所幸,隨著書鎮的知名度漸開,人們開始相信無名小鎮除了農業、旅遊和蕭條外還有別的可能。海伊鎮的書店產業改變了許多家庭的命運,當地的小商販、旅館業者、咖啡館老闆和民宿主人都因此獲益,並為海伊鎮的年輕人提供了大量的工作機會,大幅改善了

一手打造海伊書鎮的傳奇人物————理查 · 布斯。

海伊鎮上赫赫有名的藍野豬茶館（Blue Boar）。

人口外流、老化的狀況。

可惜的是，當書鎮的名氣越來越響亮，想來分一杯羹的人自然也如雨後春筍般湧現。如日中天、奇蹟般的布斯雖稱霸了海伊的六〇、七〇年代，倫敦來的商人里昂·莫瑞里（Leon Morelli）卻在八〇年代異軍突起。他除了買下海伊劇院書店（Hay Cinema Bookshop），踏足書鎮最主要的產業外，更將經營範圍拓及小鎮生活的方方面面，幾乎接手了布斯原先的霸主地位。儘管遭逢這樣的巨變，布斯並未此停下他的腳步。除了持續經營海伊鎮外，他也在南法的蒙托利厄（Montolieu）開了書店，並投身海內外的書鎮運動。他對書店產業的執著，使他即便在 1995 年因病而半身癱瘓，依舊在思量如何搭上新興的網路熱潮和全世界做生意。

時至今日，由布斯發起的書鎮概念正在全球各地持續發酵，不僅在英格蘭、蘇格蘭、挪威、芬蘭、德國、比利時、法國、荷蘭和瑞士等地生根開花，即便是相距千里之遙的北美、韓國和馬來西亞，也開始有人響應他以書築城的理想。[6] 而我，便在布斯買下那棟破舊老消防局的五十二年後，因著對書鎮的好奇與憧憬，橫越了萬水千山，來到了這片孕育了所有傳奇的土地。

同場加映 ─────

懷河畔海伊鎮（Hay-on-Wye）的一百種稱呼方式

還記得當年在鍾芳玲的《書店風景》中讀到書鎮的故事時，曾興致勃勃地上網檢索相關的資訊，卻對得出的訊息寥寥無幾大失所望。

那時還心想，「明明是一個這麼有趣的地方，為什麼華文閱讀圈裡關於海伊鎮的消息那麼少呀？」這個困惑在我心頭盤桓已久，一直到近幾年才漸漸有了頭緒：其實海伊鎮在華文世界還是有一定知名度，但因為它的中文譯名實在五花八門、窮盡一切想像，導致一般人用關鍵字檢索時會錯失許多寶貴的資訊。

目前我已經看過的譯名，有直接音譯的黑昂威、黑－昂－歪（鍾芳玲小姐的版本）；也有兼及意譯的海伊鎮、海伊村、黑村、上威河村、威河畔的黑村、威河畔的海伊鎮、威河畔的海伊村、懷河畔的黑村、懷河畔的海伊鎮、懷河畔的海伊村⋯⋯等等，族繁不及備載。看到這裡，你是不是也眼花撩亂了呢？如果是你，又會怎麼翻譯 Hay-on-Wye 這個小鎮呢？（Wye 是當地一條流經多個村鎮的河，因此附近的聚落都會以 XX-on-Wye 為名）

---

5 值得一提的是，為這些書打造足夠的書架曾是重大的難題。布斯在他的自傳《我的書籍王國》（My Kingdom of Books）中回憶道，是一個名叫法蘭克・英吉利（Frank English）的人幫他解決了這個麻煩。法蘭克從 1962 年起至 1992 年他因喉癌去世前，為布斯打造了無數的書櫃、架子、樓梯、甚至是店內的所有裝潢。

6 這數十年間，書鎮在世界各地如雨後春筍般出現，可惜的是，其中有不少在時代的沖刷下已芳魂杳然。到了 2014 年，世界各地仍持續活動的書鎮尚有：英國的懷河畔海伊鎮（Hay-on-Wye）、塞德伯（Sedbergh）和維格城（Wigtown）；挪威的費揚蘭（Fjærland）和特韋德斯特蘭（Tvedestrand）；芬蘭的敍斯邁（Sysmä）；瑞典的博爾比（Borrby）；比利時的赫杜（Redu）；荷蘭的布雷德福特（Bredevoort）；德國的馮斯鐸森林鎮（Wünsdorf-Waldstadt）；瑞士的聖皮耶德克拉居（St-Pierre-de-Clages）；義大利的蒙特雷吉歐（Montereggio）；西班牙的烏魯埃尼亞（Urueña）；克羅埃西亞的帕津（Pazin）；韓國的坡州市（Paju）；馬來西亞的圖書村（Kampung Buku）；澳洲的克倫斯（Clunes）。這些書鎮聯合成立了國際書鎮組織，除了審核新興的書鎮並給予必要的協助外，前些年還定期舉辦國際書鎮節，惟近來因故停辦。

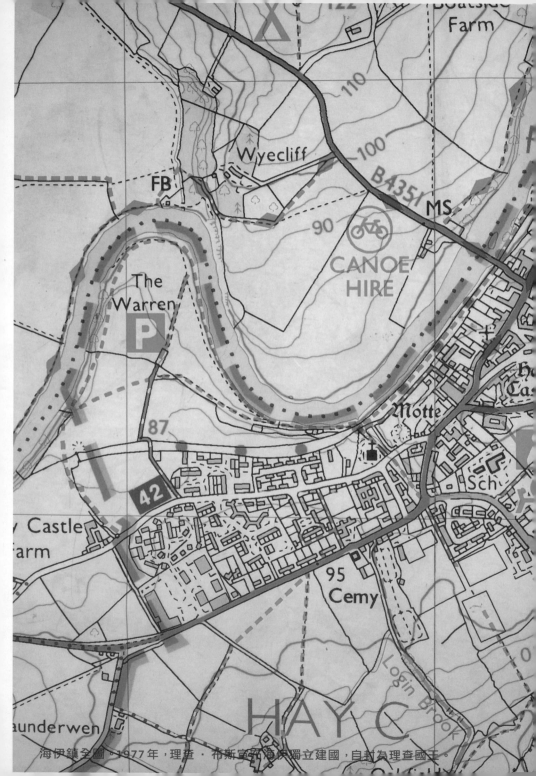

海伊鎮全圖。1977年，理查·希斯當記海伊獨立建國，自封為理查國王。

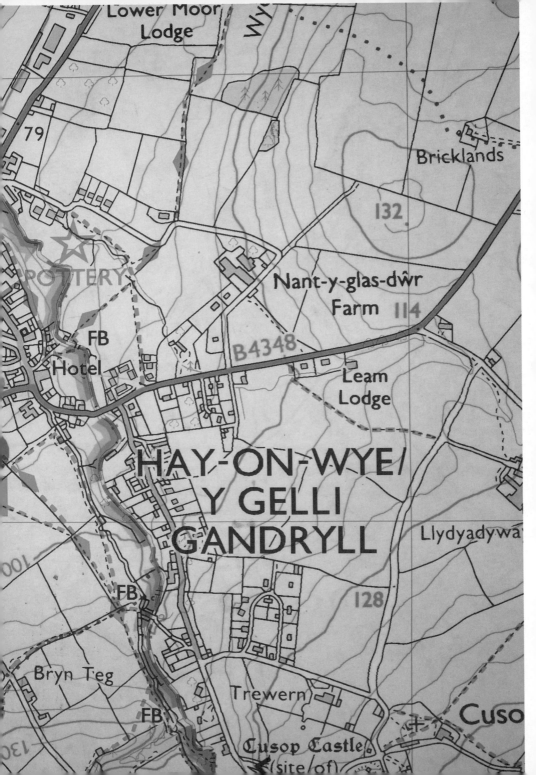

Chapter
6

胸懷世界的小鎮

　　我捧著一大塊乳脂軟糖從鎮上最大的甜點店走出來，抬眼看看海伊久違的清澈藍天，忍不住笑瞇了眼。正在雀躍間，忽然有人從背後叫住我，聲音雖細卻高亢響亮，「早安啊小淑女，今天又來逛了嗎？要不要喝杯茶，我們這裡正好有一壺伯爵！」我回轉過身，旅遊諮詢處的志工奶奶正站在門邊笑吟吟地望著我。在晴空萬里下，她立於逆光處的身形有些模糊，但捧著茶杯的雙手卻又清晰地教人心底發燙。

　　作為全世界第一個二手書鎮，海伊這些年來除了主力的書店業外，觀光亦是重要產業。這裡的人對於接待來自四面八方、絡繹不絕的遊客饒富經驗，無論你是打算來趟文青書香之旅，或是只想一家人悠閒地在鄉間隨意漫步，海伊鎮都能給你最適切的旅遊建議。他們不僅有完善的官方網站，在小鎮入口處亦設有旅遊諮詢處，一週七日都有志工輪班。除此之外，鎮上更是隨處可見書店地圖和詳盡的導覽手冊，全鎮食衣住行等資訊不一而足。

你一定會想，這也沒什麼特別的，有點規模的旅遊景點哪個不是這樣？然而在海伊鎮，這一切都是由居民自發籌組的，他們在缺乏政府援助的情況下，自行將整個鎮的觀光產業構築起來，更難能可貴的是多年來始終生氣勃勃，不曾中斷過。還記得我頭一次拜訪在旅遊諮詢處服務的老太太時，她笑著說：「啊，威爾斯政府沒有錢啦，現在有很多景點都無力經營，太慘啦！所以囉，既然他們弄不來我們就自己努力，而我們做得的確不錯。每年五月海伊舉辦文學季時，我都覺得這個鎮裝不下那麼多人呢！」我始終記得她那時的神情，驕傲的眉眼配上激動揮舞的雙手，在小小的諮詢處內顯得那樣快活。

幾次拜訪下來，或許是因為我總嘰嘰喳喳問個不停，諮詢處的老太太們也認得了我這個「充滿好奇心的東方小淑女」。每回只要走到這一帶，無論我是來蒐集資訊，或是買一塊乳脂軟糖權充下午茶點心，她們總會遞上一杯暖呼呼的茶，慈愛地喚我過去。我有些動容地望著老太太在陽光下模糊的笑顏，深覺這正是海伊鎮除了書之外，最值得駐足欣賞的一隅風景，如此美麗又不可思議。

離開位於牛津路（Oxford Road）上的旅遊諮詢處後，我沿著海伊古堡旁的巷子深入小鎮核心。到達小鎮廣場後，我朝著鐘塔的方向走下緩坡，來到海伊遼闊寬敞的主街上（Broad Street），過個河就可以走到一哩外的小鎮克萊羅（Clyro）。理查・布斯的兒子德瑞克・布斯・艾迪曼（Derek Booth Addyman）在這裡有一家書店，為了與獅子

THE ADD

NEW IN!
HAY
-ON-
WYE
MUGS
£4·95

OPEN

HAY MUSIC

UMBRELLAS
HERE
PLEASE

By Royal Decree....
KINDLES AI
THE KIN

艾迪曼分店前張掛的的「宣言」昭示小鎮對 Kindle 的堅定反抗。

街（Lion Street）上的「艾迪曼書店」（Addyman Books）區隔，取名叫「艾迪曼分店」（The Addyman Annexe）。在艾迪曼先生的書店外，皆懸掛著這樣有趣的布條：「王子德瑞克・布斯・艾迪曼宣布，在海伊王國的疆域內禁止使用 Kindle。」[7]

我看著這幅煞有介事的布條不禁莞爾一笑，帶著滿腔好奇步入書店，怯怯地詢問書店主人他對 Kindle 等電子閱讀器有何看法。艾迪曼先生用有些銳利的眼光審視我好半會後，方才巧妙地答道，「啊，Kindle，就是個殘害賣書人和書店健康的玩意兒。」我聞言忍不住大笑，艾迪曼先生似乎被我鮮明的反應取悅了，爽快地抽出櫃檯上幾張明信片送給我（我受寵若驚地收下它們時，其實內心深處正暗暗啜泣，因為這幾張明信片我前幾天才剛買過……）。

也許有人會覺得僅僅在這裡禁止電子閱讀器很阿 Q，就算阻止遊客在海伊使用 Kindle，依舊無法改變數位媒體來勢洶洶的事實。然而，對艾迪曼先生這樣的書店主人而言，他毋寧是想要維護一塊淨土，至少在這個小鎮裡，紙本仍舊是一切知識的載體，它超越了日常所需的層次，進一步成為信仰。思及此，我不免深受觸動、心有戚戚，的確，像我這樣願意花上二十幾個小時的航程從臺灣來到這裡，若不是瘋子，那肯定是在追求或相信什麼東西吧。

「主街圖書中心」（Broad Street Book Centre）的正對面，有一

條與獅子街平行的無名小路，而著名的「詩歌書店」（The Poetry Bookshop）就位在這僻靜的一角。繞過「詩歌書店」往右拐，可以看見「艾迪曼書店」和另外一間以專賣推理、謀殺小說馳名的「謀殺與傷害書店」（Murder and Mayhem）。在兩家書店間，懸掛著另外一張有趣的布條，不過這次的內容與 Kindle 法規毫無關係，上頭寫的是海伊近期另外一件大事：2014 年 9 月 18 日，他們將舉行獨立公投！諸位讀到這裡，想必會大感驚訝，這個小鎮怎麼回事，竟然想脫離大不列顛巍然成國了嗎？ 其實，這是一個充滿英式風格的玩笑，並具有商人的機智狡黠。

　　還記得前面曾提過，1977 年 4 月 1 日理查・布斯宣布海伊鎮為獨立王國嗎？這個公投與當年的惡作劇可說是一脈相承，儘管一晃眼間三十餘年轉瞬而過，世人也漸漸遺忘這個著名的二手書鎮還有一個偽王廷時，他們為了聲援蘇格蘭獨立運動，又在今年的愚人節——亦即海伊鎮的獨立紀念日——宣布他們將於 9 月 18 日舉行公投，並為此廣發文宣，上頭寫著「如果蘇格蘭做得到的話，海伊也可以！」不過，一如當年不是所有人都能接受布斯古怪的幽默感，海伊鎮的獨立公投在當地褒貶不一，不少人認為此舉極為有趣，有絕佳的幽默感，但也有些人大嘆所謂的王室實在是無聊透頂，都多少年了還在玩這種老把戲。至於你，又怎麼看待他們的獨立公投呢？如果想持續追蹤海伊鎮獨立的最新消息，不妨讀讀御用作家的報導[8]；如果你受到感召，想實際聲援他們的話，來海伊鎮吧！這裡有很多寫著標語的馬克杯等你帶回去呢！

海伊街頭懸掛的獨立公投宣傳布條。

海伊的確是一個很小、很小的村鎮。今天下午逛完書店後，我一時興起用相機鏡頭繞全鎮一圈，竟然只需要二十分鐘。然而，正是這樣一個人口稀少、腹地不廣的小城，始終展臂歡迎成千上萬的書籍和來自四面八方的旅人，多麼神奇。結束一天的行程前，我沿著安妮奶奶告訴我的、自聖瑪麗教堂（St. Mary's Church）旁延伸出去的小徑走到懷河畔，雖然途經的那片樹林因為太過茂密而有些昏暗陰森，但在如此僻靜的步道上踽踽獨行，無疑有助於沉澱和思索。

　　經過這段時間在海伊鎮的觀察，我發現把自己擺在整個世界的脈絡下經營書店，未嘗不是在書店業風雨飄搖時可能的解套方法。與世界對話、和整個世界做生意並不意味著盲目的國際化或崇洋媚外，而是打開自己可能的商域和交流網絡。海伊鎮的書店們或許有絕佳的藏書，但像這樣有好書的書店並不在少數。真正使他們不平凡的，除了他們聰明地結合書店業與觀光，將整個鎮打包起來行銷外，他們還懂得利用網際網路和全世界做生意。

　　他們向全世界收購書籍、向全世界銷售他們的藏書，因此他們做生意的範圍並不限於這個小鎮。小鎮的確為他們帶來話題、帶來遊人與注目的眼光，但真正使他們繼續存活的是更廣闊的交易市場。只要你能清楚地向全世界說明你的特色、你選書的品味與眼光、你所堅持的信念或理想，那麼何須坐困愁城？當你的客群不受地理環境限制時，整個世界都站在你身後扶持你。好比說鎮上最有名的主題書店

「謀殺與傷害」書店裡隨處可見呼應主題的有趣布置。

「謀殺與傷害」，他們藏有極為驚人的犯罪和推理小說，並致力於塑造這樣的形象：假如你想找到推理天后阿嘉莎・克莉絲蒂（Agatha Christie）最完整的著作清單，盡管打電話、傳信過來，只有他們能滿足你。

臺灣的書店在這方面無疑仍有發展空間，先不論向全世界售書好了，我們在向全世界介紹自己的書店文化這方面，仍是一塊未開發的處女地。光是要找關於溫羅汀和臺北書店文化的英文介紹，試了許多組關鍵字，相關資訊皆所獲甚微，多數仍是關於誠品的介紹。但除了巨人誠品之外，我們明明還有許多精彩的書店與故事。在這個網際網路席捲全球的時代，整個世界都在咫尺之遙靜靜傾聽，我們理當勇敢回應、主動出擊。

在懷河畔玩了一會水後，我循著來時的小徑走回安妮奶奶家。明明剛才還在認真反芻這段時間在海伊的見聞，但臨到晚餐時刻，洶湧而來的飢餓感使我頓失思考能力，只在心中不住地浮想近日來發生的各種哀事。最令我捶胸頓足的大概是一直買貴東西，比如我以 10 鎊買下的《懷河之書》（*The Book of Wye*）在短短一日後便出現 6.95 鎊的二手版本；比如我先買了關於海伊鎮的推理小說後，發現同一間書店裡，有價格相同但多了作者簽名的選擇。就連明信片，我都可以硬生生比萍水相逢的美國小男孩貴了 20 便士……。在痛心疾首之餘，我猛然想起自己這是得了便宜還賣乖，先前不是才用 45 鎊買到了在亞馬遜上售價 3,988.93 鎊的絕版書嗎？那瞬間，我忽然發現自己還是頗受書鎮的神奇魔法眷顧，遂在夏日傍晚的涼風中，愉悅地唱起了讚美海伊的歌謠。

7 這裡所謂的王子是源於理查‧布斯 1977 年跟全世界開的玩笑，當時他宣布獨立建國並自封為王，他的兒子德瑞克自然成為王儲。

8 海伊鎮御用作家關於獨立公投的追蹤報導：http://lifeinhay.blogspot.co.uk/2014/07/report-from-royal-scribe.html。

特色主題書店「謀殺與傷害」。

[Chapter

7]

和「國王」對談的午後

　　「啊，妳不提我差點忘了，妳見過理查了嗎？妳要是想跟他聊聊，等會喝完茶趕緊過去『海伊之王書店』（The King of Hay），今天是理查的姪女值班，妳跟她說是我介紹妳去的，她會幫忙安排會面。」眼見我的表情有些呆愣和不敢置信，「草垛音樂」（Haystack Music）的老闆有些恨鐵不成鋼地說道，「唉呀，怕什麼！妳這個小姑娘都敢自己一個人跑來這裡了，還不敢去見理查嗎？快，我幫妳收茶杯，想買的書也先給妳留著，趕快去！」於是，我就這樣被老闆半推半送地趕出書店，在毫無心理準備的情況下，踏上了尋找理查・布斯的旅程。

　　我一邊暈乎乎地走向位於城堡街（Castle Street）上的「海伊之王書店」，一邊回想這段日子以來，在海伊聽聞的、關於理查・布斯的事蹟。此君實在是一位驚天地泣鬼神、前不見古人後不見來者的奇葩，他熟諳包裝及行銷的門道，除了先前提過的、用獨立建國等話題吸引外界目光，他亦善於為旗下眾多書店區隔市場。比如其中一家「理查・布斯書店」（Richard Booth's Bookshop, Café and Cinema），便走複

合式經營路線，如臺灣人熟知的誠品集團一般，店內除了出售各類書籍，更不忘提供文具、沙龍和咖啡廳等周邊服務，使他的店在平日下午亦有大量訪客，在有時稍嫌寂寥的小鎮裡獨樹一格。

我此刻要前往的「海伊之王書店」亦由布斯直營，只是規模比之前述的「理查‧布斯書店」小了許多。不過，這間店本就志不在成為「誠品」，他們除了販售大量英國殖民時期的老檔案外，主力經營的項目其實是滿滿一整桌的理查‧布斯周邊產品。這些產品包羅萬象，有布斯的個人自傳、繪有布斯肖像的鑰匙圈、布斯歷年來的著作、內含布斯金玉良言的明信片、經布斯簽署的海伊王國官方文件、海伊王國官方護照、海伊王國官方馬克杯、海伊王國官方貼紙等等，種類不一而足。其中最令人百思不得其解的是印有布斯肖像畫的瓷盤，真的會有人用那個來吃飯嗎？

思及此，愉悅的笑意沖散了我忐忑不安的心緒，我深吸了一口氣推開「海伊之王書店」的大門，向端坐在櫃臺後的女士道了聲好。我有些緊張地表明來意，本以為今天只能先約好碰面時間，沒想到幫我牽線的大姐和布斯先生通過電話後，豪邁地笑道，「小姑娘，理查十分鐘後到。」我當下既驚又喜，驚的是我先前想說布斯先生身體不好，一直有些猶豫是否要打擾他，連要訪問什麼題目都還沒準備；喜的是這一次若能遇見他便真的不虛此行，畢竟這位上了年紀的老先生，近年來出沒在鎮上的次數屈指可數啊！

我勉力壓下內心幾欲噴薄而出的興奮，開始在腦中飛速地打腹稿，盤算待會的會面應如何談起。那十分鐘於我而言，既像眨眼那樣

經典的布斯肖像瓷盤。

眾多海伊與布斯周邊商品。

短促匆忙，又如徘徊不去的宿醉，有著難辨歲月的緩慢悠長。當布斯先生終於出現在書店門口時，我心中的激動著實難以言喻，只能說當你自幼便耳聞的傳奇人物有一天竟然就出現在眼前，活生生的、僅隔咫尺之遙，那瞬間心潮澎湃之至，簡直能傾覆一方世界。

　　我趕忙趨前牽他下車，在過馬路之時，他便迫不及待地握住我的雙手，開始興奮地絮叨。他的語速飛快，談論的內容也包羅萬象，從最近的計畫、對書鎮的展望乃至於對出版與媒體的理想，都是他念茲在茲的議題。「啊，我知道妳來之前作了很多功課，很好，我喜歡這樣。」他笑瞇瞇地拍拍我的手，雙眼雖有些混濁失焦，但流露出的目光卻矍鑠堅定，「我有時候會想，除了是全世界最大的二手書集散地外，我們的海伊、我們的書鎮還有什麼特殊性？我最近有個很有趣的點子，我覺得我們同時也是數一數二的綠色產業！妳看，銷售二手書其實也是在提倡循環再生這些概念，更何況重複使用比花時間再生資源直接多啦！妳說是嗎？」

　　儘管已經上了年紀，布斯先生依舊十分健談且樂於接收新知，我向他約略提了臺灣的溫羅汀書區，他對此極為感興趣，甚至為此和我交換電子郵件，連聲吩咐我盡快寄一些關於溫羅汀的資料給他，往後可以繼續交流、互通有無，「臺灣的女孩真是海伊鎮的稀客，我幾乎要忘記上一次有臺灣人來拜訪我是什麼時候啦！記得，持續寫信、保持聯絡，老頭子永遠都想知道更多事情。」

　　我就這樣陪布斯先生在書店內漫談了一整個下午，與其說這是訪談，不如說我像陪著年邁爺爺講古的孫女，靜靜地聽久未與生人接觸的

布斯先生，神采飛揚地訴說那些久遠以前的傳奇，傾吐那些尚未形諸文字的、關於書店和書鎮的奇思妙想。臨行之前，我輕聲問出了此行最深的困惑，「親愛的理查，書鎮對你而言是什麼呢？」他聞言沉默了許多，最終有些沙啞地說道，「對我來說，書鎮同時意味著『書籍的文藝復興』和『旅遊產業的大變革』。假使我希冀的這兩項目標，真的都有所建樹的話，我認為書鎮對這個世界的意義不亞於當年羅馬帝國稱霸一方。」他有些感傷地笑了笑，目光忽然變得無比悠遠，「當大眾媒體使我們漸行漸遠時，是書，永遠是書又把我們拉回彼此身邊。」

結束與布斯先生的會晤後，我有些飄忽地回到安妮奶奶位於海伊鎮郊區的溫馨庭院。我推開廚房的門，打算為自己泡杯熱茶，坐下來仔細梳理今天的見聞。沒想到那個一直神龍見首不見尾的憂鬱麵包師傅連恩，正靠在廚房的爐邊，手法熟練地煮著泰式料理。我有些呆愣地看著他將椰奶倒入鍋內，他收拾空罐時瞥見我震驚的神情，噗哧一聲笑了出來，「哈囉，我知道妳是住在我樓下的臺灣女孩麗貝卡。[9] 我是連恩，很高興終於認識妳了。」他將鍋上的綠咖哩盛進碗裡，「要來點嗎？」

對於這個與我一起住在安妮家的神祕的室友，我只有幾面之緣。他在我印象中，總是一臉疲憊地披著晨露歸來，遞給安妮奶奶一大袋麵包後，便打著呵欠上樓睡覺。直到有一天安妮拿出袋裡的麵包與我分享後，我才知道他是個晝伏夜出、寡言少語的麵包師傅。我領首謝過他遞來的咖哩，「謝謝，你今天過得好嗎？」他偏著頭想了一下，有些謹慎地回道，「還不差。倒是妳，我聽說妳是來研究書鎮的，到目前為止有什麼有趣的收穫嗎？」

　　雖然他用「研究」這個詞彙讓我有些汗顏，但我難得遇到這樣的分享機會，便有些收勢不住地將這段日子以來的見聞悉數傾吐。他聽到我下午才拜訪過布斯先生時驚呼了一聲，「哦，妳果然去找他了。如何？他真的是個傳奇吧？」見我興奮地點頭，他反倒饒富興味地打量我，「拜託，我可不希望妳又是一個盲目崇拜他的小粉絲。如果妳真的想更深入了解海伊，認識布斯是第一步，忘記布斯是第二步。」他站起身，對我眨眨眼，「儘管自六○年代以來，小鎮的氛圍已經被這些如潮水般蜂擁而至的觀光客徹底改變，但在許多老海伊人的心中，那些舊時光從未真正逝去，妳能明白家鄉在妳面前失控地物換星移的感覺嗎？」

　　這個年輕男人以驚鴻之姿攪亂一池春水，但他留下的話的確使我獨自在桌邊深思良久。正如他所說的，要真正理解海伊鎮，認識布斯是第一步，忘記布斯是第二步。布斯的光輝太閃亮，耀眼到幾乎遮蔽了所有人投向此地的目光。儘管書鎮概念源出於他，他也的確是推動書鎮發展最重要的功臣，但若無其他人的鼎力相助，海伊鎮不會有如今的奇蹟。比如當年若無麥可・懷特（Michael White）和黛安娜・布朗特（Diana Blunt）等人相繼在海伊成立書店，布斯以書築城的理想也無從綻放風華。

　　更重要的是，他一舉擊碎我過去對書鎮浪漫而一廂情願的認同，如警鐘般提醒我「書鎮」之於海伊，永遠有複雜而多元的意義。粗略來看，「書鎮」似乎為這個日趨沒落的小城帶來新生，但伴隨名聲而來的人潮、商販，的確在罔顧部分人意願的情況下，永遠地改變了此地的風貌。就好像麥克爺爺常和我說的，「雖然我們是書鎮，但說實在的，

小鎮上還是有很多人一輩子都跟書沒關係。我不賣書、不靠旅遊業賺錢，我就是個教環境科學的無聊教授。所以啊，海伊對我而言從不是什麼偉大的書鎮，她只是懷河畔的海伊，僅此而已。」此言乍聽之下只覺尋常，直到我伴著憂鬱麵包師傅的贈言一同反芻，方才咀嚼出一些況味來。我有些呆愣地捧起杯子，啜了口涼掉的英式早餐茶，已然發澀的茶湯刺激著味蕾，使我在悶熱的夏日傍晚禁不住打了個哆嗦。

---

9 麗貝卡（Rebecca）是我在英倫行走時用的英文名字。

「海伊之王」書店。

Chapter
8

生活的節奏

　　「啪！」我伸出手，迅捷地關掉了手機鬧鈴，在震耳欲聾的餘韻中，咕噥著睜開了眼睛。一口氣喝完安妮奶奶放在床邊的早餐茶後，我跳下床拉開窗簾，正好撞見那隻可愛的小黑狗 Ivy 在庭院裡亂竄。牠興奮地追著一群驚慌失措的母雞，如風一般接連踩過幾個積水的大坑，然後──嘩！整個早晨在我眼前濺出了燦亮的水光。

　　今天是 2014 年 8 月 5 日，飛離遠方那個小島已然十天，我先後沐浴了巴黎的光影與倫敦的塵霧，而後風塵僕僕地來到這個傳奇的小鎮。初到海伊的那幾天，我秉持著一路走來的、專屬於旅人的緊繃與亢奮，每天都起早貪晚、興致盎然地逛各家書店，深怕自己在恍惚間，便任由寶貴光陰溜走了。我總是這樣提醒自己，「把那些悠哉和怠惰留給臺北，妳在海伊鎮只有短短兩週，還不抓緊時間？」

　　然而，當初來乍到的激動褪去、小鎮裡的事物逐一探訪完畢後，我的旅程忽然進入了奇異的失重狀態，時間彷彿凝結了一般，流動之

慢你甚至可以輕易覺察。這一切，就好像有人強硬地把演奏中的快板轉為慢板，生活中開始有大段不知從何填補的空白，而我深陷於旅人與居民間的灰色地帶，只能踏著虛浮的腳步，在漫漫長日中尋找新的著力點。

這種突兀如鯁在喉，再加上獨自遠行萬水千山的寂寞，使我某天下午在房間寫作時差點哭了。那也許是我迄今最脆弱的時刻，我捧著茶在窗邊呆坐了許久，一遍又一遍地聽著熟悉的歌。那天下午我聽的是凡妮莎・卡頓（Vanessa Carlton）的〈千里迢迢〉（"A Thousand Miles"），裡頭的琴音正如其名，有著迎風展翅的況味，彷彿自久遠以前迢遞而來，為這個闊別家鄉的夏日下了精準的註腳。

直到那時我才恍然明白，為何人們總說遠行需要練習。當你有了大把時間待在某地，一切會忽然脫離了旅行的慣性，成為生活的一部分。會不適應是正常的，居民畢竟有著迥異於旅人的呼吸吐納。作為一個旅人，我習慣將日子安排得無比充實，方能在有限的時間裡經歷更多的事情；然而作為一個居民，卻有許多旅行以外的事情，可能重複，可能例行，但真正的生活卻正是如此，夜以繼日。

唯有用盡氣力去感受這方水土、這隅人情，學會快速轉換旅行和生活的姿態、學會寄身於某個地方的節奏感之中，並將這一路以來的體驗轉化為更深刻的、屬於生命的養分，方能在時而喧鬧、時而沉寂的旅途中能屈能伸，從容地行走與停泊。想著想著，我驀然在這乍涼還暖的暮夏時分，平息了一場可能的焦躁，送別了知了聲唧唧的夏天。

propertytimes

Stunning garden property

The Stonehouse
Pontrilas
Agent: Andrew Grant
Offers: £375,000
Call: 01432 355292

your guide to
homes across
Herefordshire,
Shropshire and
mid-Wales

Thursday, July 31, 2014   THE HEREFORD TIMES   53

THIS sympathetically
restored Victorian country
house boasts a wealth of
period features and an-
ng extensive gardens.
he property offers excel-
flexible four-storey
mmodation and boasts
lth of period features
ding fireplaces, win-
flooring and doors.
e lower ground floor
a bespoke kitchen/
s room, which
s the garden, with
n cooker and
k. Off the kitch-
io/office.
er floors are a
om with a fea-
el burner and
om/snug,
n original

PLEASE
STAMP
HERE

親愛的亞臻：

　　這是妳來到 Hay 的第2天，
仍在努力適應忽然慢下來的生
活方式。

　　從那之後，我徹底拋下了自己作為旅人的無謂矜持，平靜地接受漫漫長日中所有可能的遲滯和頓點。發呆、睡懶覺、漫無目的的閒聊、無所事事地晃蕩⋯⋯這些原本不可容忍的事物，竟在轉換心態後，成為平衡每日生活的、最重要的小事。這些改變如涓涓細流，潤物無聲，卻使我從原先有些侵略性的他者，搖身一變成了海伊鎮最熟悉的陌生人。熟悉之至，我開始為初來海伊鎮的旅客引路，用有些生澀的英式口音告訴他們鎮上哪些咖啡館提供免費 Wifi。習慣之至，我甚至覺得七月底在杜拜轉機時的崩潰、在蒙馬特俯瞰整個巴黎時的驚豔，都是極為久遠以前的事，而我也漸漸發現，在一個有點陽光的午後，獨自一人在靠窗的桌邊喝茶寫字，才是我會一直想念的人生形式。

　　如今的我生活在威爾斯邊境，明天打算獨自步行到一哩外的小鎮克萊羅（Clyro）看教堂和書店，8 月 9 日則要去距此一小時車程的布雷肯（Brecon）參加一年一度的爵士音樂節。也許這些長得都差不多的美麗小鎮——我開始對他們審美疲勞了——永遠都不會進入臺灣人赴英旅遊的口袋景點，但來這裡的確遠不只旅遊，反而是學習如何真正的生活。

　　這些天是我人生中極不可思議的頓點，自 18 歲以來我第一次放過自己，在英國鄉間過著極度隨心所欲的日子。在這個可愛的小鎮，生活便是熱茶、書和思索。儘管遺世而獨立，這裡的人卻能透過書頁與世界相連，遼闊而自由。或許是我看的不夠多，抑或是我始終是以他者的眼光凝視此地，我總覺得英國身為老牌資本主義國家，卻意外在快與慢間取得很好的平衡。城市以外的土地毫無垂暮之感，反而悠然的走著自己的慢板，如朝陽旭日，徐徐放光。

　　我磨磨蹭蹭地收拾好背包，繞過從門縫間溜進來的小貓 Flora，準備出門去主街上的藍野豬小酒館。推開大門的那瞬間，我忽然想起昨天在路上，有個可愛的阿姨提著花籃子望著天空，半晌後鐵口直斷這陣子一定會出現雨天。沒想到竟被她料中，不久前還晴空萬里的海伊鎮，此刻正飄著綿綿細雨。

Chapter

9

邊境行走

　　每回和安妮奶奶夫婦倆共進早餐，聽他們絮絮叨叨地說著近日小鎮上的趣事時，總能明白為何麥克爺爺總是不厭其煩地說，「海伊對我而言從不是什麼偉大的書鎮，她只是懷河畔的海伊，僅此而已。」的確，在這裡生活了十來天後，我深覺海伊除了是一個以書立國的小城外，它更是威爾斯邊境一個再普通不過的村鎮，沒有那麼多揮之不去的傳奇與聲名。有些時候，書鎮這個金字招牌太過閃耀，反倒遮蔽了我們對此地的觀照，以至於我們對海伊的印象只餘書鎮二字，再無其他容顏可想。然而，卸下書鎮這個重擔後，海伊和鄰近的區域依舊值得品味駐足，一個無關閱讀的海伊，也有屬於它的故事和傳奇。

　　比如在海伊，因其位處威爾斯和英格蘭的交界處，你總能看見兩大區域在此折衝、最終兼容並蓄的痕跡。就拿最顯而易見的語言來說，這裡雖和英格蘭的赫瑞福德郡（Herefordshire）相距不遠，但兩地的告示牌長相卻大相逕庭。在海伊鎮——或者你可以說整個威爾斯都是如此——他們的官方告示牌上一定都會有兩排文字、兩種語言。乍見這

30

Y GELLI
HAY-ON-WYE
Gyrrwch yn ofalus
Please drive carefully

威爾斯地區常見英文與古威爾斯文並書的路標。

兩排文字的旅客，一定會好奇英文以外的那排字是什麼意思，亂碼？還是書寫者英文太爛？抑或是告示牌輸出錯誤？

其實，那排看不懂的字和另外一排英語的意思是一樣的，它之所以長得與眾不同是因為它壓根不是英語，而是源於印歐語系、凱爾特語族的古老威爾斯語（Welsh）。相較於關係差了十萬八千里的英語，康瓦耳語和法國的布列塔尼語才是它的親戚。目前在威爾斯仍有約五分之一、近六十萬人使用這個語言，拜 1993 年英國政府為避免威爾斯語逐漸流失所頒布的《威爾斯語法案》所賜，目前在威爾斯全境隨處可見寫有威爾斯語的標語、告示和交通號誌，位於英格蘭和威爾斯邊境的海伊鎮自然也是如此。在這樣的「威爾斯背景」下，海伊鎮甚至有專屬的威爾斯名字「Y Gelli Gandryll」，只不過這個詞彙究竟作何解是至今仍眾說紛紜。

此外，這裡也見證了威爾斯與英格蘭早年交戰的歷史。在海伊鎮附近有座小城名叫威爾士浦（Welshpool），小有名氣的波伊士堡（Powis Castle）就在這兒。這座城堡約莫建於 13 世紀，當時大不列顛島內各王國爭戰不休，英格蘭為加強對威爾斯的控制，他們在威爾斯境內建造了許多城堡和防禦工事，威爾斯境內許多留存至今的城堡就是那時留下來的。不過，這個波伊士堡是相當有趣的反例，它不是英格蘭用以制衡威爾斯的據點，而是當時威爾斯王子為抵禦外侮而建的。

隨著戰亂顛沛流離，這座城堡被後來一個富裕的赫伯特家族（Herbert）買下，世代傳承間逐漸擴增其規模，直到 20 世紀初某一代傳人無法負擔伴隨諸多城堡而來的高額遺產稅時，波伊士堡才被轉

移給英國國民信託組織（National Trust）經營維護。不過，當年放棄城堡的赫伯特家族至今仍在堡內保有一席之地，他們的後代有時會回來度假，每逢這時，城堡便會升起赫伯特家族的旗幟。

初到海伊的第一個週末，安妮奶奶便帶著我來此地踏青，直說要讓我見識威爾斯人的城堡，還有這裡經過精心養護的花園。儘管庭院真的很美，佔地之廣也令人驚歎，但最令我印象深刻的依舊是波伊士堡本身承載的歷史。這棟看上去平凡無奇的古堡，活生生地見證了威爾斯在這數百年光陰裡經歷的快樂與憂傷，而百年之後的我，之所以能立於此地觸摸那些我無從參與的歲月，除了是老天眷顧外，不能不感謝英國國民信託組織的戮力維護和安妮奶奶的盛情邀約。

我沿著臺階拾級而上，來到城堡右翼空無一人的高塔邊。我推開那些緊鎖的窗戶，從城堡極目遠眺整個原野，眼前的這幅凝固的窗景有山、有水、有樹、有雲、有陽光、有大地，而威爾士浦這一隅百年以前的容顏，彷彿仍在我眼前閃閃發光。那一刻，我忽然想起張曼娟女士曾在《天一亮，就出發》裡頭寫道，「在山間古堡的窗前凝視億萬年的雲霧，忽然覺得自己比亙古更蒼老。」當年讀到時，只覺筆力稍重，但如今回過頭去咀嚼，卻覺誠如此也。

「親愛的，早安。」我才剛走進廚房，安妮奶奶便微笑著遞來一杯熱茶，「妳今天願不願意跟我出門去趟古運河？亞曼達昨天打電話

宏偉的波伊士堡。

給我，她要把船帶去布雷肯參加爵士音樂節，她需要我們的幫忙。」乍聞邀約，我點頭如搗蒜，忙嚥下口中滾燙的茶歡快地回道，「天啊，這是我的榮幸，能參與威爾斯人的日常生活和探訪書鎮一樣有趣。安妮奶奶，我必須說，來到這裡的每天都讓人驚奇，生活就像一場又一場的冒險！」安妮奶奶聞言，漾開了一抹極淺的笑意，輕輕摸了摸我的頭，「這才是會生活的好女孩！」

亞曼達是一個行動藝術家，平日定居在她美麗的藍色小船上。由於她近日將趕赴布雷肯參加爵士音樂節，而她的船屆時會成為擺放藝術品的展場。如此一來，平日停泊在岸邊的小船必須追隨主人的腳步，從某個不知名的小鎮一路往上溯，途經厄斯克河畔的塔勒邦鎮（Talybont-on-Usk），最後將船停泊在布雷肯附近專供船暫留的碼頭。這條連通的水道名叫布雷肯和蒙茅斯郡運河（Brecon and Monmouthshire Canal），早先的名稱為布雷克諾克和阿伯加文尼運河（Brecknock and Abergavenny Canal），始建於 1797 年和 1812 年間，用來為當地的採石場運送石頭和石灰。

布雷肯和蒙茅斯郡運河一度在 1930 年因年久失修走入歷史，但 1970 年在英國水道局（British Waterways Board）和布雷肯山國家公園（Brecon Beacons National Park）的支持下重新開放。這條運河在當年是相當了不起的工程，由於途經的區域多山，要開鑿一條完全水平的運河非常困難，工匠們只能透過像長江三峽那樣的水閘（Lock），讓船在坡度陡升時能夠「爬樓梯」。這條全長 53 公里的古運河上，至少有近七十個這樣的機關，由此可見這是一條攀升幅度多麼驚人的水道了。

　　不過因為運河建造地早，這些水閘全都仰賴手動操作，孤身上路的亞曼達無法同時控船和操作水閘，所以就商請住在附近的奶奶過來幫忙，而我很榮幸的也在受邀之列，得以在造訪長江三峽之前，就先學會如何幫船過水閘。我們一路上總共過了五個水閘，除了開頭的一兩個因為不熟悉操作而全船陷入兵荒馬亂外，後面的航程倒是漸入佳境，不僅能優雅地處理沿途的水閘，更開始享受這一切，愜意地循著有兩百多年歷史的運河緩緩前行，從流飄盪、任意東西。

　　我捧著點心和茶坐在船首，靜靜地端詳眼前這幅流動的河景。由於古運河在山區間穿流，蓊鬱的森林總會挾著綠意撲面而來，兩旁遼闊的丘陵地亦時不時透過枝椏縫隙閃過眼底。坐在船首唯一的壞處是，時不時需要靈敏地低下頭，以閃避低矮而古樸的石造拱橋和有些斑駁陰暗的隧道。這些未經安排卻不期而遇的風景，既真實又不真實，幾週前我絕對想不到自己會坐在這艘藍色小船上，沿著兩百年前人們為了運送物資而開鑿的運河，緩緩地駛進林深不知處。

　　結束航程後，我和奶奶她們散步到布雷肯山國家公園深處一間人跡罕至的青年旅館，她們點了咖啡到外頭閒話家常，而我則掏出未完成的明信片，坐在灑滿陽光的溫室裡繼續書寫。那瞬間，置身於飽滿陽光裡的我，多麼希望能以筆墨收藏這些光影和清風，悉數謄錄於這張小小的卡片上。然後，讓它承載這一刻的溫度飄洋過海，路遠迢迢地到達太平洋西側的另一個海島，最終使兩個緯度的陽光互相擁抱。

在運河上航行全靠人力調節水閘才能前進。

Chapter

10

週期性的沉寂與狂歡

「要不要來點新鮮的山羊乳酪？這是我們自己做的，抹麵包正好！」

由於我正抱著一整落書艱難地走回住處，實在無法騰出一隻手接過大嬸遞來的切片乳酪，便只能滿懷歉意地向她搖搖頭，繼續抱著十來本書，嘗試在廣場擁擠的人潮中殺出一條生路。穿行之時，我有些悔恨的想，「怎麼就忘了今天是星期四呢？要是提前想到，我就不會行經海伊古堡前的廣場了，繞路走可能還比較快到家。」

是的，今天是星期四，是這個小鎮除了五月的海伊文學季以外，每週最生氣蓬勃、人聲鼎沸的時刻。附近的居民會以海伊古堡為中心舉行市集，販售漁獲、生鮮蔬果、自製沙拉、乳製品、木製品及手工布包等，甚至還有人會在這裡辦起跳蚤市場，販售自家出清的古物和老唱片，可說是應有盡有。這個趕集的傳統由來以久，早在書鎮出現以前的時代，海伊及周邊城鎮的居民便會在星期四舉行市集，以農產

品為主軸交易往來。這樣的市集並未隨著海伊鎮改換面貌而消失，時至今日，每逢週四人們依舊會從四面八方紛至杳來，共享寧靜小城難得的歡愉。

　　當我好不容易脫離人潮、成功走到一條較為空曠的街道上時，又有一個年輕的男孩冷不防遞給我一張傳單，有些靦腆地開口道，「妳好，我們的樂團下週三在『地球在海伊』（Globe at Hay）有場表演，希望妳有空可以來聽聽看！」我聞言微微頷首，示意他將傳單塞進我懷中的書堆後，笑著目送他蹦蹦跳跳地遠去。這個樂團男孩彷如海伊鎮的縮影，兩者一樣靦腆、羞怯卻富有藝術細胞。海伊是個文化活動很興盛的地方，只要最近有什麼表演，主辦單位就會拚命在全鎮張貼海報，久而久之這些活動就會如生根一般銘刻進腦海裡。

　　值得一提的是，這裡除了最常見的音樂表演外，更有其他類型的活動，比如我生日那天晚上在西班牙小酒館有詩人之夜（Pop Up Poetry），而昨天在『地球在海伊』甚至有桌遊活動，為晚上六點以後無處可去的居民及旅人提供夜間娛樂（這裡的店大多下午五點半就關了）。而我今晚準備參加的演出，則是來自里茲（Leeds）的重量級猶太音樂團（Klezmer）Tantz，他們將於『地球在海伊』表演雜揉了雷鬼、Dub、Electro Swing 和傳統意第緒（Yiddish）舞曲的美妙音樂。

　　總而言之，這是一個朝氣蓬勃的小鎮，在書店之外尚有許多有趣的元素，為此地帶來源源不斷的生命力。這讓我想起前幾日的清晨安妮奶奶的一席話，當時她一邊準備早餐，一邊和我閒聊這段時間在海伊鎮的見聞。她坐在木桌邊認真地聽我不住地絮叨，末了突然眨眨眼

由插畫家手繪的海伊鎮全圖。

睛問我：「妳知道海伊鎮會成功還有什麼要素嗎？是 F 開頭的那個詞喔！」我愣了半晌，搖搖頭表示自己毫無頭緒，奶奶才開恩般揭曉謎底：「是節慶呀！（Festival）」

　　乍聞此言，還有些無法消化，但反覆咀嚼後深覺頗為在理。如今算來，在這一帶，每年夏天至少會有三場盛大的節慶，除了海伊鎮與衛報（The Guardians）合辦的文學節會在春夏之交登場外，[10] 布雷肯的爵士音樂節（Brecon Jazz Festival）和蘭德林多德威爾斯的維多利亞節（Llandrindod Wells Victorian Festival）緊接著在八月輪番上陣，九月更有阿伯加文尼的美食節（Abergavenny Food Festival）壓軸謝幕。它們聯手炒熱這個夏季，而有組織且規劃完善的慶典，使這些被世人遺忘的小鎮有了清晰的面容。就好像奶奶說的，「這些節慶讓我們永遠會出現在地圖上！」

　　值得注意的是，上述這些節慶都不是一時興起，草草辦幾年就不了了之；它們不僅行之有年、頗有歷史，更進一步與當地結合，成為該城鎮最鮮明的代表色，不免讓人暗自驚嘆這些位於威爾斯中部、綴連在一塊的小鎮多麼熟諳行銷之道。當知名度漸開，人們會為此不遠千里，不僅與節慶主題相關的人會造訪此地，遊客也開始紛至沓來。節慶為小鎮帶來了話題和辨識度，而這對於書鎮的活絡至關重要，畢竟「認識」是所有互動的開始，如果人們從未聽聞這個小鎮，在交通不便又缺乏關鍵字的情況下，遑論你有再好的藏書，仍如明珠染灰、寶劍蒙塵，連網際網路都救不了你。

　　把目光轉回我們的島嶼，諸如臺北的溫羅汀地區，雖已有一定的

知名度，但仍多仰賴鄰近的大學城與居民撐起生意，除此之外的許多人對這個地區仍懵懵懂懂。或許我們有時候太過依賴圈子內的口耳相傳了，如果能有個契機，讓這個地區成為整個島嶼、甚至島嶼之外目光的焦點，並能夠吸引平日不在這裡買書、甚至素無買書習慣的人們，那麼對於擴大這個區域的辨識度與影響力，當極有助益。可能有些人會覺得這樣的說法很市儈，許多人經營書店是為了理想，為什麼反過來要想著發觀光財呢？然而，唯有生存下去，你想傳遞的火把才能長存，我們應戮力尋找兩者間的平衡點而非一味排拒。畢竟，回歸到現實面，書店業在理念之外，仍是一門生意。先有了人，才有生意。

　　為了趕上一年一度的爵士音樂節，8 月 9 日一早我便跳上公車從海伊鎮前往一小時車程外的布雷肯。布雷肯位處威爾斯中部，依著黑山（Black Mountain）、傍著布雷肯和蒙茅斯郡古運河，是個色彩鮮豔的中型市鎮。每年八月上旬，這個素來靜謐的小城會舉行爵士音樂節，屆時鎮上將會湧入大量的遊客與音樂家，一同歡慶已有三十年歷史的節日。

　　這裡雖然離海伊鎮不遠，卻有著截然不同的威爾斯風光。我才剛走下公車，濃郁的威爾斯氣息便撲面而來，這當然不是什麼可以嗅聞出的氣味，但光是看到鎮上的紀念品店擺著各種不知所云的綿羊和威爾斯紅龍商品時，你會清楚地感覺到這裡和座落於邊境的海伊鎮大不相同。被被滿坑滿谷的紅龍震懾的瞬間，我忽然想起安妮奶奶前幾天

Institute of Art and Ideas
globeathay
The Globe at Hay, Newport St, Hay on Wye, HR3 5BG

FRIDAY LIVE Presents:

LineRunners!

Friday 8th August
Doors 8pm
Earlybird tickets £5, £8 OTD
www.globeathay.org | 01497 821762

thinktalkdanceplay

「地球在海伊」的宣傳單。

@theglobeathay
www.globeathay.org

Saturday 2nd August
£6 earlybirds / £8 otd
Doors: 8pm

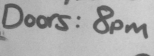

來自里茲（Leeds）的重量級猶太音樂團（Klezmer）Tantz。

帶我去運河時的戲言：「樹、綿羊、低緩的山丘和醜不拉嘰的龍——這就是威爾斯！」奶奶誠不欺我也。

　　不過，人們狂歡的情狀總是舉世皆然，這裡隨處可見人們拿著啤酒和食物，在草坪上或坐或臥，把酒言歡、觥籌交錯。爵士音樂更是在大街小巷間流竄，你永遠可以聽見不知從何處傳來的樂聲，抑或是在某個不經意的轉角看見慷慨激昂的樂迷與樂團。不過對爵士樂無知如我，純粹就是矮子看戲，只能隨人說短長，因此我最後還是跑到碼頭，加入飛龍集團的遊船，再一次踏上運河之旅。這一次的行駛方向和前天正好相反，是從上游順流而下，因而風光也有些許不同。只不過我似乎還是比較適合坐在船首，船側的位子彷彿跟我有仇，船長才剛說小心被兩旁的灌木攻擊，我就立刻被樹木甩了響亮的一巴掌……

　　遊完運河後，正好在碼頭邊遇見停泊在此的亞曼達，她把她的船改造成藝廊，任往來的遊客隨意穿梭來去，欣賞由她的船、畫作和攝影作品共構出的一方天地。我舉著相機，看著碼頭邊人們歡聲笑鬧，時不時還有荒謬的醜天使晃過，忽然覺得這一切實在無比神奇。這個靜謐的小鎮每年似乎就只燦爛這一季，但它刺目的顏色和狂歡的景象卻將殘留在旅人眼底，年復一年的離開與重聚，只在夏季。這就是勝地湊以勝會啊，相輔相成的名勝與節慶。

　　回程的公車上，乘客似乎仍在方才音樂節狂歡的餘韻裡，幾乎有一半的人都在引吭高歌，為這個稍嫌悶熱的夏日下了輕盈、躍動的註腳。見我兀自低頭抄寫筆記，坐我隔壁的老爺爺拍了拍我的肩膀，「小姑娘，不一起唱歌嗎？」我盯著他閃亮的眼睛猶豫了一會，終於忍不

住加入那群高唱改編版〈鄉村路〉（"Country Road"）的大軍，喃喃地
哼起，「鄉村路，引我回家，回到屬於我的地方……」

同場加映 ──────────────────────────────────

Hay Festival：http://www.hayfestival.com/
Brecon Jazz Festival：http://www.breconjazz.org/
Llandrindod Wells Victorian Festival：http://www.victorianfestival.co.uk/
Abergavenny Food Festival：http://www.abergavennyfoodfestival.com/

---

10 海伊文學節最早是由諾曼‧佛羅倫斯（Norman Florence）於 1988 年引入的概念，他
著眼於海伊鎮逐漸攀升的知名度，決意藉著這樣盛大的慶典讓海伊更上層樓。這活動
舉行至今，年年皆吸引大量人潮前來參加高品質的文學活動，每逢五月來臨時，詩人、
作家、街頭藝人、甚至是獨腳戲演員，會充斥在海伊鎮的每個角落。這個文學節規模
之大、美名之盛，就連《紐約時報》都曾稱讚它是「英語世界裡最重要的慶典之一」。

Chapter

11

相遇的與錯身的

　　我拉開房間的窗簾，有少許微弱蒼白的光線努力穿透厚厚的雲層，邁著吃力的步伐來到我的窗邊。我抬眼望向濃得化不開的天際線，微嘆了口氣，沒想到繼昨日的慘灰陰暗後，緊接著又是個陰雨綿綿的早晨。

　　屈指一算，來到英國已近半個月，這段時間的經歷讓我開始相信，這裡的雲都是一群高深莫測的傢伙，連帶使英國的天氣也高深莫測起來——它們變換之快，一天之內微雨天、大晴天可以交錯出現五、六次以上，連臺灣春天後母面都自嘆弗如。到這裡的頭幾天，我還有些無法適應這樣詭譎多變的天候，但待久了也漸漸習慣這一切，只偶爾會感嘆地想，英國的天氣有如一杯濃度 38% 的威士忌，喝起來像一縷來去無影的風。又如一位處於青春期的少年，常憂鬱，但不會憂鬱太久；常暴衝，但很快就會停下腳步。所有的情緒都來的快去的也快，又爽又痛又多刺又鮮艷。

　　我起身到廚房泡茶時，從安妮奶奶口中聽聞這兩天來家裡作客的

傑森和梅麗莎夫婦已告辭回家，心中忽然湧起一陣感慨。在這收穫滿載卻也波瀾四起的一年裡，我步履蹣跚地學會告別以及放下告別。無論是一段逝去的情感、一個曾經親密的故人、一個註定分道揚鑣的夥伴或一種漸漸無以為繼的生活型態。這些在我生命中一點水後就翩然而去的過客，轉瞬間皆從歲月深處迢遞而來，在這個陰雨綿綿的早晨格外使人心底發燙。

在這一趟旅程中，我已經遇見太多萍水相逢的人，或許是在倫敦往赫瑞福德的火車上，那位好心幫我的英國男生；或許是駕著一艘輕舟、常居古運河畔的藝術家亞曼達；或許是包含傑森、梅麗莎在內，前後幾位來奶奶家作客的朋友；或許是昨天從布雷肯回海伊的公車上，那位健談爽朗的老爺爺；或許是那位住在奶奶家樓上、我至今仍摸不透的憂鬱麵包師傅……許多人我甚至連名字都未曾知曉，我們在相遇後旋即錯身，也許今後只餘模糊的光影供追憶與憑弔。

轉念一想，卻又不禁感激這些稍縱即逝的緣分，正因為生活中充斥著來得太快的遺憾與失落，方使我能溫柔而深刻地長大成人。只希望在許許多多的告別後，這些緣分所帶來的能量皆不被辜負。我忽然又想起那句年少時很喜歡的話，只是當時是為賦新辭強說愁，如今卻是初識愁滋味的欲說還休了：「一夜星光的相聚可以很永恆，一場落葉的相遇亦不會太短暫。我們交會，然後告別。這樣很好。」

是呀，我們每天與無數的人擦肩而過，兩條線在這一瞬短暫地交會後，又各自奔赴背馳的遠方。就這樣相遇的與錯身的，構成了我們生命流域的大部分。於我而言，海伊這個可愛小鎮也是一樣。最近這

幾天都在倒數計時，數著我還剩下多少日子。昨天晚上吃完飯走回住處時，海伊的郊區突然變得很冷，風大到我幾乎要邁不開步伐。今年夏天在這裡的日子，既出乎意料又彌足珍貴，我不知道待我離開後，這一生還有沒有機會待上這麼長的時間。每次想到自己將要跟這些逐漸熟悉起來的一草一木道別，我便在還沒離開前便開始緬懷這一切。

今天正是在海伊鎮的最後一天，自明天起我就要一路向北，離開這個日久他鄉變故鄉的威爾斯小鎮。或許是想抓緊機會紀念此地，抑或是想盡快回歸旅人的節奏感，我一改近日來慵懶閒適的生活風格，清早開始便馬不停蹄。先是跟民宿奶奶一起到附近爬山遛狗，下午又一個人沿著公路走去一哩外的克萊羅找書店地圖上倒數第二家書店。

自從在兩個禮拜前在海伊安頓下來後，我已經許久沒有這樣勤勤懇懇地行走。這是充滿步行的一天，我在杳無人煙的鄉間往來穿梭，忽然發覺行路才是感受土地最深刻而踏實的方式，你能清晰地感受到世界每一瞬的變化，比如驟然颳起的風、行蹤飄忽的雲，抑或是公路旁任何一絲風吹草動。此時此刻，只有你與天地緩慢呼吸。天地為大，萬物為小，以小為小，方成其大。今天在令人崩潰的寒風中爬上山頂、俯瞰整個懷河谷時，我恍然間明白為什麼安妮奶奶總說，「天空、土壤和水源是我信靠的神明，而你極目所見的自然正是我唯一的信仰。」

Chapter

12

小山城塞德伯

　　我有些生澀地拖著我益發沉重的行李箱，目送安妮奶奶的小車絕塵而去，一點一點地消逝在海伊鎮今晨的薄霧裡。在長達兩週的駐點後，我揮別了海伊鎮，啟程前往此行的第二個書鎮塞德伯（Sedbergh）。時值八月中，英國中北部已然有了些涼意，襯著尚未被陽光蒸散的濕氣與露水，有著南方夏日難以想像的寒氣。在小鎮公車駛來前，我從行李箱裡翻出臨行前買的黃色風衣，哆哆嗦嗦地隨著驟起的風踏上嶄新的旅途。

　　我必須按著來時的路先乘公車回到赫瑞福德火車站，從這裡乘北上列車到克魯（Crewe）後，再換乘另一條路線前往湖區的門戶奧克斯赫（Oxenholme），並由此轉搭鄉間小巴到不遠的塞德伯。路程並不複雜，已然習慣在英國鄉間移動的我處之泰然，唯一使我捶胸頓足的反倒是我的行李。

　　因為在海伊鎮瘋狂採購了太多好書，導致我離開海伊時的行李重

量，相較來時多出了一倍不止。我拖著超出我半個人重量的大皮箱艱難地移動，前幾站轉乘火車時還能勉力應付，當我到達奧克斯赫準備轉公車時卻立即踢到鐵板。一步出火車站大門，我無言地望著站外那長長的陡坡和立於陡坡上的公車站牌，那瞬間的悲愴簡直令我有仰天長嘯的衝動。我忍下了胸中幾欲噴薄而出的哀鳴，認命地開始我與裝著 35 本書的行李箱的旅途。

令人銘感五內的是，這一路上遇到非常多友善的好人，先是有個英國先生看我費盡千辛萬苦才把我的行李箱推進一點，便爽快地走過來伸出援手；再來是我轉乘小鎮公車前往塞德伯時，遇到一個非常親切的公車司機，他不僅親自下車幫我抬行李，還在我搞不清楚要在哪站下時親切地提供建議。其他尚有投宿處幫我扛行李到三樓卻面色不改的勇猛服務生以及塞德伯旅遊諮詢處熱心幫我印彩色地圖的志工……這些素昧平生卻極其溫暖的朋友撫平了我久未出行的焦躁，以及對自己不自量力硬要帶這麼多書走的悔恨。

當我終於安頓好後，我趴在歷盡風霜的行李箱上長吁了一口氣，發了好一會呆才醒過神來。我揉揉自己有些痠痛的臂膀，站起身推開房間窗戶，讓塞德伯微涼的空氣鼓動窗簾，霎時間滿室皆是布幕在我耳邊翻飛的聲響。窗外是壯觀的山城即景，放眼望去盡是連綿不斷的丘陵地，舒舒緩緩、層巒如嶂。儘管威爾斯也不乏這樣遼闊的原野風光，但這裡有著勢如凝岳、令人屏息的蒼茫寂靜，與海伊那一帶綠油油的蔥鬱迥然相異。我對著眼前令人嘆服的美景笑了笑，迫不及待地轉身下樓，開始探訪這個神奇的小鎮。

　　塞德伯位於英格蘭中部，坐擁無與倫比的山光水色，約克郡的戴爾斯國家公園（Yorkshire Dales National Park）以及著名的湖區（Lake District National Park）分別在它東西兩側。塞德伯作為進入兩大景區的門戶，自然不乏旅人取道或落腳，長此以往觀光遂成當地除農業外最重要的產業。這樣一個小鎮，歷來的身世皆和書店八竿子打不著關係，又怎麼會繼威爾斯的海伊鎮和蘇格蘭的維格城（Wigtown）之後，成為英格蘭地區第一個書鎮呢？

　　我在來到此地前，便對塞德伯與書鎮的因緣充滿好奇，也想知道在海伊之外的書鎮們，究竟是以何種姿態立足於當地的節奏感中。沒想到，當我開始認真尋訪鎮上的書店時，一路所見所聞卻讓我越來越困惑。塞德伯是一個很小的城鎮，她符合我們對所有靜謐歐洲小城的想像，有著斑駁古老的教堂、幾家飄散著厚實香氣的麵包店。這裡的歲月彷彿比此地蒼老的林木還要悠長，時間踩著碎步緩緩地走，沒有走馬看花的遊客前來驚起春水一泓，只有沉靜而靦腆的居民日復一日過著屬於他們的日子。

　　塞德伯的腹地多數是寧靜的住宅區，可以稱作商業區的只有一條不長的主街，而上頭的書店甚至可以一眼望穿、寥寥無幾，很難想像這裡竟然是個書鎮。眼前這沉寂到近乎蕭條的景況，著實出乎我意料之外，或許是因為我對書鎮的印象大抵出自海伊鎮，便有些無知地認為所有書鎮應當都同海伊那般充滿活力。我無措地立於主街上，喃喃自語道，「這麼一條街、五六家書店，每間書店還都只有一兩架書，也能夠叫書鎮嗎？」

　　雖然鎮上書店的數量及規模都令人錯愕，但我仍循著先前在海伊鎮的經驗，嘗試在各書店架上和旅遊諮詢處找尋有關書鎮的介紹，希望能挽回一些印象。然而，令人挫敗的是，我查遍所有有關塞德伯的書籍和宣傳手冊，我對書鎮的一切毫無所獲。我有些崩潰地前去詢問旅遊諮詢處的志工，「請問你們這裡是書鎮吧？」那位先生非常熱情地點頭，並驕傲地挺起胸膛，「是的，沒錯！」我不死心地追問，「那請問你們有沒有相關的手冊或書籍呢？」他聞言後愣了一下，搔搔頭在一大落的宣傳 DM 中，找到塞德伯和鄰近地區的書店地圖遞給我。

　　上頭的資訊極為籠統，只粗略地介紹各個書店，對於書鎮的源起、發展和現況等隻字未提。眼見資訊匱乏至此，連我這個專程前來的人都摸不著頭緒，何況其他旅客？我不免也開始懷疑，書鎮的現況與前景是否真如他們當初所盼望的那樣？當我委婉地向其中一位書店業者表達我的困惑時，她歡快地跟我說，「一切都很好啊，我們的確因為書鎮而多了不少旅客！至於你說的書鎮介紹，我想的確是沒有相關作品，主要還是由旅遊諮詢處負責幫我們打廣告啦。」語畢，她思索了一會，補充道，「如果妳想知道更多的話，明天早上去拜訪沉睡之象書店（Sleepy Elephant）的主人凱蘿・尼爾森（Carole Nelson），她應該可以解開妳的困惑！」

　　我感激地向她道謝，帶著些許惆悵離開了書店。午後的陽光暖暖地灑在小鎮的主要幹道上，曬得我臉頰微微發熱。我有些沉重地想，眼前的迷茫，到了明日是否真能撥雲見日呢？

Chapter

13

蟄伏或長眠？

　　翌日清早，我依循昨天那位書店老闆的建議，來到沉睡之象書店拜訪凱蘿。我委婉地向她表明來意，她立刻驚喜地瞪大了眼睛，連連表示她可以寄這十年以來有關書鎮的所有資料給我。我們簡短地寒暄過後，她有些感慨地告訴我眼前這一切究竟緣何而起、從何而來。

　　這其實是一個有點沉重的故事，2001 年時，英國爆發極為嚴重的口蹄疫，向來仰仗農業與觀光的塞德伯遭受劇烈衝擊，生意慘澹之至，幾乎可說是一落千丈。當時以凱蘿・尼爾森（Carole Nelson）為首的幾位居民，眼見自己的故鄉蕭條至此，均認為他們需要一些新的觀光元素，好重振一切、使旅客回流。反覆思量後，他們決定集眾人之力，共同打造一個書鎮，幫助塞德伯走出困局。

　　當我問及為什麼有關書鎮的資訊那麼少時，凱蘿有些猶疑地說：「我知道這一切的確有些貧乏，但妳知道，這其實是很矛盾的，我們既希望介紹我們的書鎮，但同時又不希望大肆嚷嚷後，人們來到這裡

會大失所望。」

　　談及書鎮目前的困境，凱蘿顯得十分憂心，「這一切遠比妳所能想像得更加、更加困難，這十多年來，我們起初有獲得一些經費挹注，但近年來情況益發艱困，尤其是前段時間所有的錢都砸在倫敦奧運上，其他的項目都受到排擠冷落。我們現階段是希望能找到大學合作，這樣或許能多開闢一條生路，否則未來幾年內，可以想見都會維持這樣的規模。」

　　她無奈地傾訴，「我們這裡的書店，主要都是以本地人居多，大家為了生存，除了像慈善商店（Charity Shop）那樣依靠捐贈獲得低成本的書源外，多數是走向複合式經營，除了書之外，也兼賣一些其他

由塞德伯書鎮信託組織主席凱蘿・尼爾森經營的「沉睡之象」書店。

東西。我想妳也注意到了，我這裡一半是書店一半是毛衣。旅遊諮詢處那邊的書店也是，他們在服務旅客之餘也賣不少書。」

「這是我們生存的方式，光靠賣書要賺錢，除非像鎮上最大的那間衛斯伍德書店（Westwood），他們十年前從海伊鎮搬過來，有大量的倉儲、書籍種類繁多且周邊商品豐富。」她忽然沉默了一下，然後緩緩地告訴我，「當然，我告訴妳這些並不是要否定書鎮的意義，相反的我認為它非常值得努力。前陣子有一群冰島人來拜訪我，他們打算在冰島建立數個連成一氣的書鎮，此舉不僅能對外招攬遊客、促進當地的發展，同時對內也可以提升居民的識字率。」

「不過書店始終不是容易經營的產業，尤其是現在這個充滿了Kindle 的時代。你需要讓人們知道書本遠不止文字，它還有著更多價值。我想，也許往後的出版會朝向這個方向發展，強調自身和一般電子書的區隔，方能突顯紙本存在的意義。讓我們拭目以待吧！」她微笑地看著我，「謝謝妳願意來，妳手上拿的那些手冊就送妳吧！」

我走出店門，看著這條有些蕭瑟但仍頑強生存的主街，忽然覺得縱使我們還有很長的路要走、很多的難關要破，但始終有這麼一群人，默默地在你我不經意之處孜孜矻矻。然而，在為凱蘿等人的毅力擊節稱賞之餘，我也不免有些黯然神傷。塞德伯的故事，讓我終於走出如夢般的海伊鎮，清醒而深刻的意識到，縱然有海伊這樣的珠玉在前，但「書鎮概念」絕非一試便靈的神丹妙藥。

這或許是我整趟旅途中最為關鍵的轉捩點，我終於拋卻了對書

鎮一廂情願的信仰，不再將它視作無機的、不會變化的概念。如此一來，我便能跳脫束縛、重回原點，將每一個書鎮都當成嶄新的個案來審視。我滿懷心事沿著主街緩緩而行，忽然想起第一次在國際書鎮組織的網站上，看到馬來西亞蘭卡威的書村（Langkawi International Book Village）列名其中時雀躍不已。

當時我非常想知道這樣在歐洲地區風行多年的概念，飄洋過海到亞洲後又是怎樣的光景。可惜的是，蘭卡威的書村自 1997 年開張後，不過十年歲月就下臺一鞠躬。有一篇報導一針見血地評論道，蘭卡威書村之所以失敗，是因為推動者罔顧當地的現況，只一心複製這樣的概念，以為可以成功開發出一個賺錢的旅遊景點。然而書村終究無法如空中樓閣一般不食人間煙火，經營越發慘淡下，村中的書店一家家關閉，令人不勝唏噓。

如今想來，自海伊鎮發跡以來已匆匆半世紀，世界各地（尤其是歐洲地區）有不少人嘗試複製他們的成功經驗，但能生根開花的寥寥無幾。複製貼上的文化難以深入人心，要打造一個書鎮也不是隨意挑個小城、小村，在裡頭開一堆書店就能蔚為氣候，這一切牽涉的問題遠遠超出想像，實在不是強硬複製所能概括。就好像我先前在思想地圖面試時和評審楊澤先生所說的，「我雖然一直說想去看書鎮，但我認為真正重要的不是那堵構成村落的圍牆，而是圍牆內外的人如何看待書與地、書與人的關係，否則只是又一處不知所謂的景點罷了。」

衛斯伍德書店內一隅。

Chapter

14

書鎮，
很高興我們有這樣好的東西

　　上午結束與書鎮主席的訪談後，我狂奔到塞德伯圖書館前，準備趕中午那班往肯德爾（Kendal）的公車。上車前，一大片烏雲飄來遮蔽了日光，小鎮開始飄起綿綿細雨。我本來以為這場雨會像英國近來的雨一樣，柔柔地下，很快又會多雲轉晴。沒想到這場雨一下就收勢不住，直到入夜才轉弱漸歇。這應該是我到英國以來徘徊最久的一場雨了。

　　乘車到達肯德爾後，雨越來越大，而我又悲劇地提早了一站下車，導致我剛到時完全搞不清楚方向，冒著雨在潮濕陰沉的街道間往復徘徊。幸好英國的觀光區都備有完善的旅遊諮詢服務，不僅隨處可見斗大的地圖，問訊處更是必設單位，在他們的幫助下，我總算在淋成落湯雞前，成功地到達此行最重要的目的地：1657巧克力屋。顧名思義，這間巧克力店歷史非常悠久，堪稱肯德爾當地的活遺產。他們除了出售自製的巧克力外，二樓的茶館也提供非常棒的巧克力甜點。

　　我端著我的白巧克力莓果蛋糕和熱柑橘可可，搶在一對澳洲夫婦

前盤踞了店內臨窗的一角，隔著沾染了水珠的玻璃，凝望那些時不時擾動小城寧靜的人群。就在我喝完最後一口熱可可之前，有個男孩忽然停下了腳步。他晃了晃手中的相機，抬頭對正坐在二樓窗邊的我露齒一笑。我趕忙舉起我所剩無幾的熱可可聊作回應，在他按下快門前笑瞇了眼前這個濕潤的夏季。

離開 1657 巧克力屋後，眼看回程時間還早，我順手買了點發源於此地的薄荷糕（mint cake）後，便向著遠方山巒上那個灰濛的殘影走出市中心的鬧區，打算去看看那矗立於小丘上的肯德爾城堡（Kendal Castle）。城堡附近的區域多是一整片一馬平川的蒼茫，我踩著濕漉漉的小徑爬上山，一路上隨著高度攀升，景色益發開闊起來，到達半山腰後，我依循環型的步道正式走入城堡的範圍。

肯德爾城堡約莫建於 13 世紀，隸屬於當時的肯德爾男爵，曾出過英國史上頗有名氣的帕爾家族（Parr）。不過這座城堡的輝煌隨著歲月遞嬗，漸漸湮沒於荒煙漫草間，而那些被時光捲去的寫意風流，如今只餘斷垣殘壁，使八百年後的我只能立於此，憑藉模糊的光影憧憬與眺望。

或許是因為城堡過於殘破，再加上飄雨的午後著實不是踏青的好時機，城堡的腹地裡僅有少許人煙，大多時候整座小丘上只有我、滿山的風和青草擺動時的沙沙聲響。我坐在塌毀的城垣上，打著傘寫這幾天的日記，而我身後的城堡以數百年來變幻不多的面容，橫穿過兵馬倥傯的歲月，像個無悔的邊疆戍卒，蕭瑟地與我一同俯瞰山腳下的小鎮。

在 1657 店外偶遇的親切男孩。

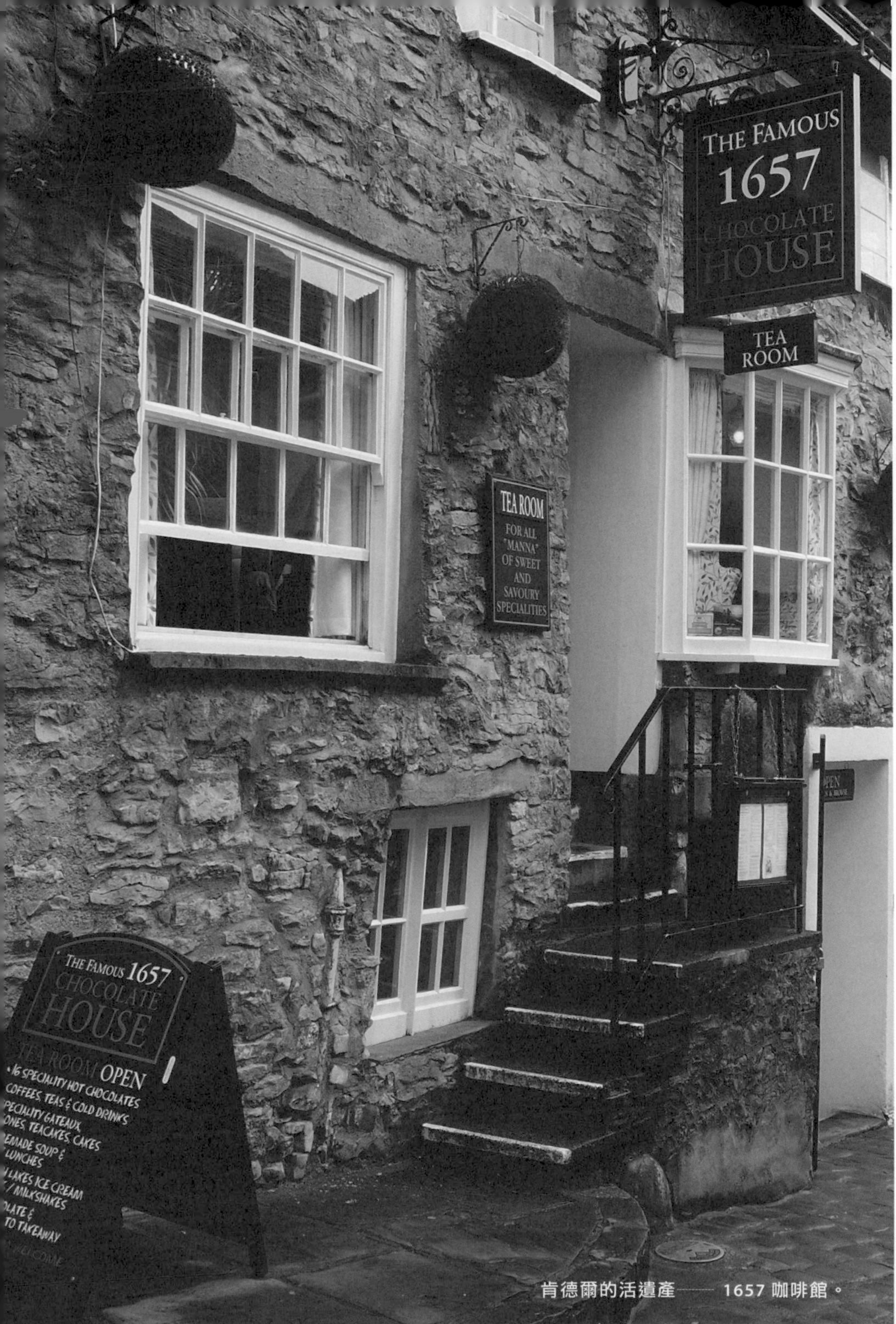

肯德爾的活遺產——1657 咖啡館。

　　離開城堡後（自然不忘繼續採購薄荷糕），我走到小鎮中心等最後一班回塞德伯的公車。彼時正好有一位要前往彭里斯（Penrith）的老先生，他因為搞不清楚公車的時刻便隨口向我詢問幾句，沒想到我們竟這樣投緣地聊開了。他一邊瞇著眼微笑，一邊招呼我坐下，「嘿，小淑女，妳是從哪裡來的呀？日本嗎？」當我搖搖頭，回答我是臺灣人後，他眼睛陡然放光，就好像最近我遇見的許多人一般，語調忽然拔高不少，「我這輩子都沒想過，我竟然會在英國一個普通小鎮的公車站遇到臺灣人啊！」

　　臨別之前，老先生感慨地說道，「妳年紀輕輕的，卻有這樣的勇氣獨自出來闖蕩，還一下子就走了這麼遠、這麼久。妳的父母想必會以妳為榮，因為妳是一個非常勇敢的女孩，正為自己的信仰走在成長的路上。書鎮，很高興我們英國還有這樣好的東西，能讓遙遠的東方女孩不遠千里而來。我喜歡妳談論它們時神采飛揚的樣子，這會讓我以身為英國人、身在書鎮附近感到無比光榮。繼續前進吧，為書而走的臺灣女孩，很高興認識妳。」

　　語畢，老先生拄著枴杖，勉力卻不失優雅地站起。他對我眨了眨眼後，便迎著駛來的公車緩步而去。我凝望著他逐漸遠去的背影，輕聲地道了別，只是這聲再見，大概很難兌現了吧。正如老先生對在小鎮的公車站遇見臺灣人感到驚異，我也從沒想過自己會在這個遠隔千里的島國有這些經歷，更別說與這些人萍水相逢。只能說，這趟旅程出發前與啟程後之間的差距，甚至比我本人更夠格成為付梓的傳奇。不知怎麼地，此刻在這個煙雨朦朧的小小山城，我反倒想起了千山竹海，暮雨瀟瀟。

Chapter

15

古堡也可以這樣

　　探訪完肯德爾的隔天，我忍痛放棄了飯店豐盛的早餐，挾著清早寒冷的露水與霧氣，一路從塞德伯搭公車到奧克斯赫火車站，並由此轉搭火車到湖區核心地帶溫德米爾（Windermere）。然而車程至此尚未結束，我又跳上公車前往鄰近湖畔、作為湖上各航線交通要衝的鮑內斯（Bowness-on-Windermere）。

　　由於到得早，此時湖區還沒有每逢夏日必有的洶湧人潮，遊船邊只有三兩散客和為數不多的旅行團，使湖畔的碼頭在早晨的霧氣中顯得凝練而沉靜。可惜的是，我不是個擅於描繪湖光山色的行家，那些與湖有關的波光瀲灩、晴空高遠和層巒疊嶂在我筆下，全都會融為同一幅極其相似的分層設色圖。因此，我往往很難精確向人訴說，究竟是什麼特殊的情態使這個湖鶴立雞群、與眾不同。我至多能支支吾吾地說這個湖勝在氣質超群，不是西湖的溫柔婉約，亦非太湖的波瀾壯闊，這個多數時候都風平浪靜的狹長湖泊，有著不卑不亢、有容乃大的氣魄。

　　我為了去看英國國民信託組織在此管理的另一個古蹟雷伊堡（Wray Castle），放棄了可以搭蒸汽火車的南線航程，選擇往北走，到達安布賽德（Ambleside）後再轉小木船去城堡。老實說這個建於 19 世紀中葉的城堡能看的很有限，儘管堡體仍保存良好，室內格局也都維持原樣，但因為裡頭的文物及裝飾已然人去樓空，這裡只餘孤伶伶的空殼供後人揣想。

　　這樣一座城堡，要怎麼吸引別人來看呢？英國國民信託組織在此展示了很有意思的經營方式。除了基本款的歷史介紹、導覽和修復工作外，他們把空蕩蕩的城堡變成一座大型遊樂園，小朋友可以在這裡穿著維多利亞時期的服裝跑來跑去，或是在過去的主臥房學以前的富豪優雅地看書、畫畫。除此之外，他們也將與雷伊堡關係密切的波特小姐（Beatrix Potter，彼特兔的作者）納入行銷元素，以她生前在這裡的行止，打造供遊客拍照的裝置藝術等。

　　這樣的做法也許會招致詬病，我倒認為這不失為解決營運資金的有效方式。畢竟，像這樣的古建築，即使裡頭文物所剩無幾，光是基本維護便所費不貲。在存續壓力下，這樣的轉化使城堡多了亮點，遊客因而願意前仆後繼地造訪。有了人便有了活水，此舉不僅能讓古蹟一直留存，同時也有資金進行更多修復計畫。最有意思的是，雷伊堡打破了我過去對文化遺產保護、展示的刻板印象，他們運用開放式的觀賞和詮釋空間，為缺乏「先天條件」的古堡另闢蹊徑；同時，一反大眾對塗鴉的戒慎恐懼，大方讓訪客在城堡內留下印記，鼓勵人們發掘並賦予城堡新的意義。

　　好比說，他們將有些破敗的僕役廳改造為互動空間，用斗大的字體俏皮地宣告：「我們的僕役廳是有一點潮濕，但與此同時我們在牆上加裝了黑板，你可以在上頭留下你對這座可愛城堡的感想，與我們一起創造故事。」又或者，雷伊堡的工作人員為了修復廢棄的圖書室，他們以空蕩的牆壁為畫布，不僅繪上整面書架，更在上頭寫道：「想像你獨自被關在城堡裡頭，你會想選擇什麼樣的書陪伴你？」，邀請遊人在牆上那些空白書背上，填寫任何喜歡的書名。我看了一整片都是英文字，想了想，決定寫下張曼娟小姐的《天一亮，就出發》。我想，總會有人看到這行中文字時，能露出會心一笑吧。

　　走出雷伊堡時，原先晴空萬里的天際漸染上一絲暗沉，就連拂面而過的風都帶了點將雨未雨的濕氣。在城堡裡經歷的一切，不禁讓我思忖起那些停放於文化遺產與社會大眾間的永恆對話。這究竟是誰的文化遺產？它如何與觀者產生連結？我們又應以什麼眼光重新詮釋這些事物，讓這些從久遠以前迢遞而來的遺跡成為恆久的脈動？

　　這讓我想起先前到敦煌參觀莫高窟時，他們採取每日限額預約制，避免過多的遊客影響文物保存；此外更強制所有參觀莫高窟的旅客，要先到數位展示中心觀看影片，包含莫高窟的歷史，以及用球形銀幕 360 度放映的石窟內部介紹，希望讓遊客在參觀前能對石窟藝術有基礎認識，避免走馬看花、泛泛走過。正式到莫高窟參觀時，工作人員會統一將遊客分組，義務安排專業的研究人員講解、導覽。

　　這一系列規劃使莫高窟的參觀行程水準極高，同行的友人無一不擊掌稱賞。然而，在驚艷之餘我仍存有一絲困惑：儘管這樣的套裝規

劃井然有序,但在秩序之外,我們無形中也強迫所有人循著同樣的思路去理解這個文化遺產,我們所接收到知識、評價和觀看視角如出一轍,幾乎沒有個人自由揮灑的空間。當然,這些限制是其來有自,為了留住那些傳承千餘年的色彩,敦煌研究院可說是不遺餘力,只能說在莫高窟,遺產與旅遊、保護與利用之間的折衝尤其鮮明強烈。這或許是最為困難的一部分,秩序與管理、認識與詮釋、遺產與人之間的對話,始終有持續辯論的空間。

　　想著想著,不知不覺間便回到了鮑內斯。此時已是午後時分,湖區逐漸迎來一天中最繁忙的時刻,一群又一群的陸客團、臺客團、日本團、歐美分不清哪國團紛集在鮑內斯的碼頭邊,熙來攘往的盛況直教人目瞪口呆。或許是因為漸漸習慣緩慢、悠哉、沉靜的鄉間生活,當我終於見識到湖區的遊人如織時還有些不習慣,直到一團親切的臺灣老爺爺叫住我才猛然回過神來。我笑著用臺語回應了他們友善的問候,喊出久違鄉音的那瞬間,簡直有直擊心靈的顫慄竄了上來。

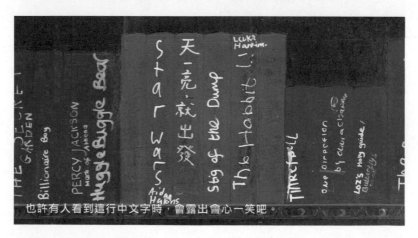

也許有人看到這行中文字時,會露出會心一笑吧。

Chapter 16

無聲之聲

當我終於安穩地坐上火車後，我凝望著窗外緩慢逝去的山景長呼了一口氣。坐我對面的阿姨眼見我一臉狼狽，友善地問候道，「還好嗎？怎麼看起來這麼累呢？」我聞言感激地朝她笑了笑，有些不好意思撥撥頭髮，「其實沒什麼事情，只是剛才差點趕不上從奧克斯赫發往愛丁堡的火車，所以一路上不要命地奔跑，才會看起來像剛被狂風親吻過一樣……無論如何，謝謝您的好意！希望您有美好的一天。」

是的，正如我對阿姨說得那樣，由於我在旅行中逐漸失去對星期的敏銳度，導致我完全忘記今天是星期六、忘記小鎮公車在週末的時刻表與平日不一樣，傻傻地扛著超量的巨大行李站在塞德伯圖書館前，等一班根本不會來的車。當我猛然發現這個天大的悲劇時，我預訂的那班火車只剩下四十分鐘就要發車了，而我必須盡快找到辦法讓自己能盡快趕到距此半小時車程外的奧克斯赫火車站。所幸塞德伯是個非常小的鎮，我連忙奔回先前投宿的公牛旅館（The Bull Hotel），請他們幫我叫計程車。

公牛旅館的值班員工效率極高，不僅飛速找來一間家族私營的計程車隊，還貼心地告訴我這個車隊的司機全都是溫柔的女性。我聞言的當下雖然無比感激對方的細心，但心中有些悲涼地想，溫柔的女性能夠扛起我這麼重的行李嗎？孰料，飛車趕來的司機大姐在溫柔的外表下竟是個神勇的超人，她不僅一手扛起我神豬般的箱子，還一路飆車掠過塞德伯到奧克斯赫間彎彎曲曲的山路，成功在二十分鐘內殺到車站，並善盡職責地幫我這個弱女子將行李箱扛到月臺邊，讓我得以無後顧之憂地衝去取票，順利在發車前兩分鐘步入車廂坐好。

由於這個早晨實在太過震撼，使我明明已安穩地坐在火車上了，卻仍覺得有些不真實。我掏出從飯店打包出來的三明治，咬了一口，「我真的離開塞德伯、要去愛丁堡了嗎？」已然發硬的吐司此時有些乾燥粗糙，我有些費力地咀嚼著，卻慢慢回過神了。我扭頭望向疾速飛掠而去的奧克斯赫和更遠處的塞德伯，在心中喃喃說道，「嘿，親愛的湖區，再見。等會見。」

「媽呀，所以我完全走錯方向了嗎？」

我站在貝利吉福德公司（Baillie Gifford & Co.）緊鎖的大門外，有些崩潰地抱頭哀嚎道。我今晚預計參加的「黑暗之聲」（The Voices of Dark）朗誦會，是愛丁堡國際書節的附屬活動，將於貝利吉福德角落劇院（Baillie Gifford Corner Theatre）舉行。我事前信心滿滿地用 Google

地圖定位好，並自信滿滿地在活動開始前，慢悠悠地撐著傘朝卡爾頓丘（Carlton Hill）的方向晃過去。

沒想到，抵達 Google 地圖上的「貝利吉福德」時竟大門深鎖，我在錯愕之餘，不忘憤怒地打開網頁，想確認這個可惡的貝利吉福德角落劇院究竟在哪。沒想到，由於貝利吉福德角落劇院是為書節臨時搭建的，自然不會列入 Google 的圖資中，我在過分信賴網路科技的情況下，被誤導至貝利吉福德公司本部了⋯⋯。我萬分無奈地確認貝利吉福德角落劇院的位置後，當下想哭的心都有了，要知道它竟然是蓋在書節的主場地夏洛特廣場（Charlotte Square），而貝利吉福德公司正好與廣場分據王子街（Prince Street）的東西兩端，我還要冒著愛丁堡刺骨的寒風走回去啊！為了安撫我受傷的心靈，我在附近買了不是很好吃的冰淇淋洩憤，說真的，在北緯五十幾度的冷空氣中吃冰淇淋，會讓任何人覺得自己是悲劇英雄。

或許是造訪前的寄望太深、期望太高，以至於我今日甫踏上愛丁堡的土地時，對眼前所見、所聞、所感都有些失望，甚至可以說是幻滅了。首先是今天的天氣太差，氣溫驟降到約莫只剩下十度就算了，雨神還跑來湊一腳，狂暴得風雨堪比臺北寒流來襲時的天候，而我只能在這樣惡劣的環境下，努力摸清這個人生地不熟的城市。其次是人實在太多，多到幾乎要溢出這個城市所能容納的限度。每年八月是愛丁堡的雙面刃，雖然這的確是這座城市最熱鬧、最有趣的季節，但令人驚恐的人潮同時也會大大降低遊興——不僅王子街和皇家哩大道（Royal Mile）上摩肩接踵、遊人如織，所有主要幹道上的餐館更是通通客滿。

　　我想我永遠都不會忘記，北橋（North Bridge）和皇家哩大道的交叉口每逢紅綠燈變換時，就會如蝗蟲過境般擠滿了密密麻麻的人群，連我這個從小在大城市打滾的人都有點適應不良。總而言之，悲慘的天氣加上過多的人，這兩個令人崩潰的因素使我剛到愛丁堡就開始討厭這座無辜的城市。當我拖著濕答答的頭髮和沾滿雨水的風衣奔進旅遊諮詢處取暖時，我甚至悲傷地想，「也許以後造訪任何一個地方前，都不要再抱有太多不切實際的憧憬和期待了，不然我遲早會被『莫非定律』（Murphy's Law）搞瘋……」

　　值得慶幸的是，儘管天公如此不作美，今天還是有不少令人欣慰的小事。比如我偶然在皇家哩大道上吃到極度美味的羊雜（Haggis），用餐時窗外還有街頭藝人在演奏風笛，鄰桌的老奶奶笑著告訴我那是蘇格蘭的名曲「水之交會」（"The Meeting of the Waters"）；比如今晚在貝利吉福德角落劇院舉行的朗誦會相當精彩，四位詩人在一片寂靜闃黑中朗誦自己的詩作，那種全然由聲音帶領一切感官運作的感覺非常奇妙，彷彿此時此刻，全世界只剩下你與詩。

　　這樣的經驗讓我想起，近年來誠品不斷推廣聲音圖書館的概念（其實大英博物館先前就已經在進行這樣的計畫了）、Ariti 華藝線上圖書館也在著手收集各種鳥類的鳴叫聲，欲典藏進數位資料庫裡。這些行動無一不彰顯著，文字和聲音間的關係原來既相互依存又彼此抽離，也許人們不需倚靠文字或其他圖像的輔助，便可以直接「閱讀」、直接「理解」聲音。聲音不只是閱讀行為中的附屬品，它本身即足以表述文本，具有強大的動能與意義。

　　晚上走出劇院時，天色已經暗了下來，我打起傘，認命地走入益發濕冷的夜色中。此刻的愛丁堡，街上的行人與客車依舊川流不息，用高速的來來往往持續構築起眼前這幅昇平之景。那瞬間，我忽然發覺自從 7 月 30 日離開倫敦後，這兩個多禮拜以來，我再也沒有在入夜後在外頭獨自行走過，因為鄉間小鎮的一天大多在下午五點就落幕了。因此，眼前這個閃爍著霓虹的黑夜於我而言，竟有恍如隔世之感。重新步入夜色的感覺既熟悉又陌生，就好像這一路以來的旅程般，我始終在習慣與不習慣之間徘徊。不知不覺間，我已經孤身走了這麼多路，愛丁堡是我此行的極北點，之後就要一路向南了。

　　我打著傘，聽著雨滴拍打在傘面上的聲響，忍不住自嘲地想，自臺灣啟程後的這一切，會不會其實都是我在北國街燈暈黃的流光裡，演得一場無人問津的獨角戲？正浮想聯翩之際，口袋裡的手機忽然傳來通知聲，我低頭看了看，原來是稍早在粉絲專頁上發得評論有了回應，而我盯著那寥寥數字禁不住熱淚盈眶。儘管累了一天後，我已然無力回覆那位熱情的仁兄，但知道自己這些行路、體悟，能真的引起一些波瀾和迴響，始終令人深懷感激。

Chapter
17

讓故事成為歷史的橋

「妳總算開始喜歡這座城市了，是嗎？」

當我們捧著巨大的烤馬鈴薯，從那間隱身在巷弄裡的小店信步閒晃到大衛・休謨（David Hume）的塑像前坐下後，那個正好也叫作大衛的愛爾蘭少年忽然冒出了這句話。我偏過頭，認真地盯著這個萍水相逢的旅伴，半晌露齒一笑，「明明我昨天還萬分討厭這座城市，但或許是剛剛喝了太多威士忌，也或許是今天愛丁堡的天空美得令人吃驚——總而言之，坐在大衛腳下的大衛，你說得沒錯，我總算開始喜歡這裡了。」

他聞言，正欲說些什麼，卻忘了自己正在進食，立即被滿嘴的馬鈴薯泥嗆得咳嗽連連。我看著這個在威士忌酒博物館裡偶遇卻相談甚歡的異國少年，有些幸災樂禍地大笑出聲。在那一刻，至少在那一刻，愛丁堡於我而言是充滿奇蹟的城市。儘管昨日的傾盆大雨曾一度澆熄我對此地的信心，但這些旅程中最熨貼心靈的風景依舊存在，雖然姍

姍而來，卻絲毫不遲。

━━┤╫╫├━━

今天上午離開孕育了《哈利波特》的大象之家（The Elephant House）後，我循著來時的路，準備走回夏洛特廣場參加愛丁堡書節的活動。途中正巧經過一間大教堂，聽見裡頭有合唱團和著管風琴吟唱讚美詩。他們悠揚的樂聲散入清風，在這一片寧靜的街區裡輕盈地躍動。我立於教堂門口，有些猶豫是否能進去打擾，正踟躕時，一位好心的神父走了過來，輕聲對我說，「孩子，妳想進來嗎？我們絕對歡迎妳！不過，這個時候恐怕沒有位置了，妳等等就跟著我吧，我去拿麵包和紅酒給妳。今天是聖餐禮！」

不多時，熱情的老神父捧來酸麵包和紅酒，我就著他的手各吃了一點，微笑謝過他的好意。就在我遞還銀杯時，唱詩班的歌聲逐漸減弱，信眾們都站了起來，準備由神父領著禱告。我從來不是教徒，念了三年教會學校也從未受到感召，但此時此刻，我跟著他們一起低頭，心中充滿了平安喜樂，這或許就是宗教最原初、也最溫暖人心的力量吧。

━━┤╫╫├━━

如今想來，在那每個同學都會在透明桌墊下擺幾張偶像照片的年

紀，我一直都保持著淡定從容，以一種「眾人皆醉我獨醒」的姿態，睥睨那種為求偶像一笑，願擲千金、不計日夜的瘋狂。我萬萬沒想到的是，這樣不知所謂的孤高在我聽完馬丁・布朗（Martin Brown）在愛丁堡書節的演講後徹底崩毀。[11] 終於，在告別荳蔻年華許久後，我也踏上追星的不歸路了。我為了他，一離開會場便衝去買書，書到手後又馬不停蹄地跟上簽書的隊伍，就這樣一路排了快兩個小時，幾乎把整個下午都耗在這裡了。然而，一切的腳痠與不耐在見到他時便煙消雲散了。我有些緊張地告訴他，我很喜歡他們推出的影集和讀物，因為作為一個學史的人，我認為向大眾推廣歷史知識始終是值得用一生去努力的事。

馬丁聞言似乎有些驚訝，因為先前等簽名的大多是小朋友與他們的父母，像我這樣半大不小的大學生似乎相當少見。他思索片刻後微笑著說，「啊，我想我們或許還算成功，看看這些孩子，他們已經在讀都鐸的故事，了解維京人的風俗，如此一來，他們甚至比很多大人懂得更多歷史。我一直相信歷史始終在那，從來不是生硬的知識。我們能做的，或許就是當好一個說書人，讓他們放下恐懼，願意且樂意去感受歷史。」他向我鼓勵地笑笑，親切地詢問我的名字後，一口氣簽了三本書。

離開會場時，馬丁的一席話依舊在我腦中反覆發酵。我咀嚼那些有關知識與人群的奇思妙想，忽然發覺縱然兜兜轉轉了許多日子，但我一路走來關心的事物其實從來沒有變過——無非是聯繫起史學與大眾，直面那些橫亙於學院與社會間的爭辯與對話。那瞬間我忽然有些想哭，我從來沒有想過自己會在遙遠的北國他鄉，因著一場極具啟發

性的演講，重新反芻那些關於所學、關於生命、關於人生路途的思索。

　　此時的愛丁堡已經起風了，我蹲在空無一人的小巷內，細數這陣子接連遇到的許多機運，忽然深深明瞭何謂「生命的輪廓本起於一連串的不知所云」。無論是思想地圖、書鎮之行、前幾天在湖區古堡經歷的衝擊、抑或是今晚充滿靈感的談話，這些事情起初都是憑著一腔熱血從容而就，是不帶任何揣想的縱情揮灑。沒想到，當一個又一個的機會將這些不經意逐一串起，恍恍惚惚間竟然也能堆疊出另外一種生命樣態。我滿懷感激地想著，當這些「不知所云」竟能開啟一條足堪前行的人生航道時，倒也不枉我這一路隨性而耐心的漂流了。

---

11 《糟糕歷史》系列（Horrible Histories）的插畫家。

我與馬丁・布朗合影。

馬丁 · 布朗在愛丁堡書節的演講。

Chapter

[18]

我們到碼頭去！

當我有些無助地翻找錢包裡每一個夾層，希望可以找到足額的零錢付車資時，司機板著臉冷冷地看著我，彷彿我是愚蠢、想搭霸王車還搞不清楚狀況的亞洲人，「我親愛的小姐，妳必須付錢，所有人都必須付錢。如果妳現在錢不夠的話，我只能請妳立刻下車，妳不能在這裡站一輩子。」他的音量之大，響徹整個車廂。我聞言心中一涼，本來還想問其他乘客能否協助換錢，這下子我也不願多作停留，只能強忍住即將泉湧而出的淚水，灰頭土臉地收拾一地的行裝，準備離開這班讓我渾身不自在的公車。

沒想到就在我走回公車站牌，打算查詢附近有哪間店已經開門營業、能讓我換開手上的鈔票時，有個男孩大聲叫住我，亮了亮他手上的硬幣，直接投進車上的零錢筒裡。我本想婉拒他的好意，但眼看他已經以迅雷不及掩耳的速度替我付了錢，我只好硬著頭皮重回那輛公車，盡力不去想自己是不是成了全車乘客的晨間笑話。隨意揀了個不起眼的位置坐下後，壓抑許久的淚水終於潰堤，我縮成一團嗚嗚地哭，

想著這或許是我獨自旅行這麼久以來，首次明白何謂孤身一人、寂寞無助。

　　其實整件事情相當單純，不過是我的腦袋還停留在小鎮公車的邏輯裡，誤以為全英國的公車都是上車買票、司機會備有大量找零用的硬幣。在這樣想當然爾的思維下，我今早要從愛丁堡大學宿舍搭車到火車站時，便未特別準備零錢，只想著拿紙鈔請司機換開，卻為此狠狠地踢到了鐵板。老實說，這樣的遭遇的確是我自找的，誰叫我仗著自己已經在英國闖蕩了一陣子，便有些輕忽旅行中必要的事前功課？更何況，司機方才所言句句在理，只是我一時沒能走出軟言好語構築出的溫室，誤以為全世界都應該包容我的愚蠢和無知，才會這樣任性地為一張一鎊五的車票哭了。

　　想到這，忽然有些痛恨自己的自以為是和不堪一擊，我用力地擦去眼角的淚水，深深地吸了一口氣。我抬眼望向那個始終對著我微笑的好心男孩，有些艱難地扯動嘴角回應他的善意。下車前，我鄭重地將身上所有的硬幣放入他的手心，滿懷歉意地說道，「我只剩下 95 便士的硬幣了。不過，我想用這張五鎊的鈔票請你喝杯咖啡，請不要拒絕。」他了然地笑笑，從善如流地收下還款後，輕輕的拍了拍我的手。那瞬間，明明說好不要再哭，我卻又不爭氣地淚眼模糊了。

　　「早安，女士。」列車乘務員拉開車廂裡厚重的窗簾，陽光爭先

恐後地灑了進來。她示意我取出車票以供查驗，神情看來相當快活，
「今天天氣真好，不是嗎？嗯……妳是在格拉斯哥上車，然後打算搭
到史特蘭瑞爾（Stranraer）吧？從始發站到終點站，那可有得等了。」
我微笑頷首、收回車票後，繼續埋首研究我接下來緊湊刺激的旅途。

　　接下來要去的第三個書鎮維格城（Wigtown）位於蘇格蘭的西南
角，隸屬鄧弗里斯和蓋洛維省（Dumfries & Galloway）。它與該行政區
東西端點的兩個火車站鄧弗里斯和史特蘭瑞爾正好呈三角形狀，因此
無論是從何方出發，都得至少轉兩次以上的車才能抵達。再者，考慮
到英國的鄉間公車班次極少，如何從愛丁堡一路精準地銜接各種交通
工具，遂成了此行最艱困的挑戰。

　　我的計畫是這樣的：早上 7:00 從愛丁堡大學宿舍乘車到愛丁堡
威瓦利車站（Edinburgh Waverley Railway Station）後，搭 7:57 的火車到
蘇格蘭第一大城格拉斯哥的中央車站（Glasgow Central Station）。下一
班銜接的火車將於 9:38 發往史特蘭瑞爾，經歷約莫兩小時搖搖晃晃
的車程後，我會到達蘇格蘭西南角的海岸邊，再由此轉乘區間小巴士
從火車站前往碼頭。鄉間公車的站牌就在碼頭邊上，我必須順利搭上
12:30 發往牛頓斯圖爾特（Newton Stewart）的 500 號公車，再從該地
換搭 415 號公車，方能抵達半小時車程外的維格城。

　　我端詳筆記本上緊湊、不容出錯的行程半晌，提筆把已完成的前
兩行劃去。那瞬間我忽然發覺，儘管我總是宣稱自己是愛冒險而隨性
的，然而臨到出走之時，我才從密密麻麻的行程表、確認單、住宿和
車票預訂證明中，發現我從裡到外都是習慣滴水不漏、而且極力避免

『計畫趕不上變化』的人。正當我有些無奈地將滿是重點劃記的筆記本闔上時，列車忽然慢了下來，前頭的車廂傳來乘務員此起彼落的叫喊：「各位旅客，史特蘭瑞爾到了！」

　　火車開始緩慢地滑進車站。史特蘭瑞爾不愧是個濱海的小鎮，不僅火車站就建在岸邊，鐵軌更緊鄰著海岸線，從列車右側的窗戶望出去盡是一片白茫茫的海。儘管我這趟旅行不過是從一個島嶼轉移至另一個島嶼，但這的確是我來到歐洲半個多月以來第一次看見海。窗外潮水之洶湧、迫近，彷彿火車正行駛於海面上，只要伸出手就可以掬起一把浪花，感受它在掌心裡充盈後又瞬間融化。我扛著沉重的行李準備下車，廂門一開便有濃重的海潮味撲面而來，又濕又鹹，還有些風的味道。我說不上來那究竟是什麼樣的氣息，然而一旦你踏入那樣的氛圍裡，便會清楚地知道海洋就在不遠的地方。

　　我兀自站在月臺邊感受熟悉的海風、懷念遠在千山外的淡水老家，或許是我呆愣的模樣太過引人注目，剛剛那班火車的列車長從工作間裡小跑步出來，關切地詢問我將往哪裡去。他一聽到我要前往碼頭換車，便自告奮勇地接過我沉重的行李，並代為確認火車站往碼頭的接駁車，熱心地為我打點好一切。我滿懷感激地謝過後，婉拒了他送我去搭車的好意。他眨眨眼，從善如流地應下，卻不忘打趣道，「女士，妳的行李對妳來說太重了，下次記得少裝一點。旅途愉快！」突然被人調侃，我還有些愣愣地不知所措，誰曾想我身後的公車司機聞言捧腹大笑，有些上氣不接下氣地朝我喊道，「上車吧，帶著大行李的小姑娘，我們到碼頭去！」

Chapter

19

蘇格蘭國家書鎮

　　寫著「蘇格蘭國家書鎮」幾個大字的告示牌迅速掠過窗邊，那位與我在 415 號公車上萍水相逢的老爺爺指著遠去的鐵牌歡快地說道，「嘿，這裡就是維格城（Wigtown）啦！我最可愛的家鄉！」他領著我在小鎮的中央公園旁下車，熱心地指點我接下來該何去何從，「這條是小鎮最熱鬧的主街，主要分為南北兩側，妳想逛的書店也多圍繞在這個區域。小姑娘，妳今晚要投宿的格萊斯諾克賓館（Glaisnock Guest House）就在那兒，瞧見沒？」老爺爺陪著我走了一段後，熱情地拍了拍我的肩膀，「好，那就祝妳一路順利啦，這幾天有空的話來威士忌酒廠旁找我聊聊！」

　　我笑著告別這個快活的老人家，獨自拖著我沉重的行李繼續往旅館進發。由於甫結束七個小時的車程，在烈日下扛著重物不免有些昏沉，此刻的維格城在我氣喘吁吁的打量下顯得有些恍惚迷茫，我只能勉力地辨認腳下這個陽光熱燙的小鎮。就在我艱難地移動時，我忽然想起先前在海伊鎮讀到維格城的傳單，上頭都印有一首古怪的小詩。

那首素樸的詩起初並未觸動我，但如今真的踏上了這方水土後，重新咀嚼那些簡單的文字卻覺萬分親切：「我喜歡閱讀，也熱衷做夢、思考和追尋。我眷戀舊書的撫觸和那些源於發現的震顫，也著迷於陽光灑在蓋洛維山丘上的姿態。我喜歡，好喜歡維格城，這是一個由愛書人建立、歡迎所有愛書人的小鎮。」複誦完詩句後，我立於維格城的陽光發了會呆。在那萬籟俱寂的瞬間，我閉上眼睛愉悅地想著，寫下它的必定是一個熱愛維格城的可愛詩人，方能如此不羞澀地說出，「我喜歡，好喜歡維格城，這是一個由愛書人建立、歡迎所有愛書人的小鎮。」

維格城作為此行第三個書鎮，或許也是最為偏遠、交通最不便的一個。然而，這個本應萬分寂寥的小城卻有著神奇的活力，不僅南北兩條主街上聚集了不下十家書店，它們每年秋天還會與《每日郵報》（The Telegraph）合辦維格城圖書節（Wigtown Book Festival）。圖書節規模之盛，直追海伊鎮和《衛報》的協作典範。然而，正如我們會好奇海伊鎮和塞德伯從何而來、緣何而起，維格城又有著怎樣的故事和身世，使它最終成為蘇格蘭國家書鎮呢？

如今看來，維格城不過是鄧弗里斯和蓋洛維省裡頭，一個毫不起眼又昏昏欲睡的小鎮，除了山川美景外一無所有。然而，維格城其實是座相當古老的城池，它的歷史至少可以上溯至中世紀，自建城以來已逾千年，腹地內城堡、紀念碑和宗教遺跡比比皆是。此外，小城一

英里外的布拉德諾赫河（River Bladnoch）畔，更有蘇格蘭最南端的釀酒廠，這些威士忌的麥香與此地的鹿、魚鷹和鮭魚一道，聯手構築蘇格蘭西南部最亮麗的風景線。

除了有豐富的自然資源和積澱深厚的歷史，座落於山海之間的維格城更有優越的地理位置。它背山面海的特性使其無論在商貿或戰略上都極具價值，因此在 19 世紀以前，這裡都是蘇格蘭西南部、克里河（River Cree）流域首屈一指的集鎮。然而，進入 19 世紀後，新興發展的鐵路與公路網繞過了小鎮，維格城過去的優勢頓時蒙塵。在經濟、交通重心紛紛外移的情況下，這個小鎮逐漸失去了往昔的燦爛榮光。雪上加霜的是，當地兩個主要的產業布拉德諾赫酒廠（Bladnoch Distillery）和產銷合作社（Co-operative Creamery）分別在 20 世紀八〇年代和九〇年代關閉，此舉使鎮上的工作機會急遽萎縮，青年人口外移更趨嚴重。如此一來，許多建築物淪為閒置的空屋，前景一片蕭條黯淡。

這些打擊對一個曾經傲視群雄的小鎮而言，無疑是極為慘痛的。然而，維格城人向來不喜歡沉湎於過往自怨自艾，他們願意嘗試各種可能以振興這個歷史悠久的小鎮。一個奇妙的機會出現在 1996 年，維格城當地一位鎮民在《格拉斯哥先驅報》（*Glasgow Herald Newspaper*）上，讀到了斯特拉斯克萊德大學（University of Strathclyde）的教授安東尼・西頓（Anthony Seaton）針對海伊鎮所做的研究。西頓教授直指，像這樣的書鎮概念有益於蘇格蘭部分沒落村鎮，在促進旅遊觀光之時，可一併提升經濟與文化發展。他強烈建議蘇格蘭政府採納這個提案，重新思考鄉村經濟可能的發展樣態。

　　那位鎮民讀完後深受啟發，遂集合全鎮鎮民一同商討，最終決定以整個鎮的名義申請成為書鎮。他們的舉措也給了其他村鎮靈感，一時間有意申請成為書鎮的地區如雨後春筍般湧現，紛紛希望能夠爭取成為「蘇格蘭國家書鎮」。當年一共有六個小鎮參與競逐，他們於1997 年二月底將申請書遞交蘇格蘭發展局，並在隔月進行正式的口頭發表，蘇格蘭當局衡量了各鎮的情況後，最終賦予了維格城國家書鎮的頭銜。自那時起，一些當地人開始將大量的空屋轉作書店，同時也有不少外地有志之士，在往後的數年間來到此地購置房產，參與進書鎮的產業鏈中。

　　如今看來，1997 那年宛如維格城由黑轉紅的轉捩點，小鎮的居民在這個新概念的刺激下，無一不積極投入一連串的改革中。維格城的市容在保留中世紀格局的前提下大幅翻新，新與舊在此兼容並蓄，共同守護此地傳承千年的美好聲名。他們在南北兩條主街的中央建起了花園和十字架紀念碑，作為小鎮的精神象徵日復一日地俯瞰來往遊人。當然，在這一波浪潮中，打造一個成功的書鎮自然是重中之重，先前參加競逐時所寫的企劃書此時證明了它的價值——事前扎實、良好的準備無疑使小鎮居民在轉變的巨濤裡站穩了腳跟。

　　小鎮的書店業者除了借鑒過去的書鎮經驗、學習經營書店與書鎮外，他們更不遺餘力地向全英國宣傳自家小鎮，每逢書展時節，總能看到有來自維格城的業者邀請各地同好加入他們的行列。他們的努力與野心是如此顯而易見，而這的確有助於鞏固一個初生、脆弱的書鎮。為了進一步擴大影響力，讓維格城成為下一個圖書愛好者的麥加，他們在 1998 年開辦維格城圖書節（Wigtown Book Festival），並在此後十餘年間舉行不輟。直到現在，每年的九月底至十月初，都會有大量的文人、墨客、訪客和讀者湧入這個蘇格蘭小鎮。

　　最令人驚奇的是，書鎮概念點燃這個小鎮的社區精神後，他們並未將自己的眼光框限在書鎮內，如今小鎮每年除了書鎮相關活動外，尚有各式各樣主題的大型市集和社區節慶，使維格城始終保持著蓬勃的活力與朝氣。這些努力在 2012 年獲得了蘇格蘭當局的肯定，宣布維格城維蘇格蘭地區最具創新精神的小鎮。蟄伏了整整一個世紀的維格城迎來了嶄新的黎明，雖然他們起源及發展的模式都迥異於其他書鎮，但這或許才是書鎮的真諦——沒有什麼經驗可以全然照抄，複製貼上的文化難以深入人心。一旦書店與城市結合，那麼便要回歸承載它的土地，否則無以立基。最終，我們都必須銘記的或許只是這樣簡單的一句話：「你永遠都要記得自己的故事，找到屬於你的路。」

同場加映

《哈利波特》的作者 J.K. 羅琳在《穿越歷史的魁地奇》一書中，曾提到隸屬於魁地奇聯盟的維格城流浪者隊（Wigtown Wanderers）就是來自這裡。

Chapter
20

龍的圖騰

　　我挾著方才英式早餐茶的餘韻，微笑著告別先前那位邀我喝茶的老爺爺後，繞過於 2000 年重新開業的酒廠（Bladnoch Distillery），打算沿著布拉德諾赫河慢慢蹓回維格城中心，拜訪書店地圖上最後一家書店：「龍的圖騰」（At the Sign of Dragon）。[12] 此時的河面異常寧靜，不起一絲波瀾，我凝睇著光線在水面上折射出的粼粼波光，忽然想起方才與老爺爺的一席話。當時我很興奮地和他說，我昨天在小鎮書店看到一本極為陳舊的《諾桑覺寺》（*Northanger Abbey*），在該書的扉頁上，有著上一任（或者是先前的某一任）擁有者加註的一行字：「願我們的精神能如文字一般永不老去。」

　　說著說著，我有些多愁善感地向這個博學多聞的老爺爺傾訴道，「這句話好美。雖然這不是我第一次看到類似的贈言，但對我來說，無論讀幾次，這些留在二手書上的註記依舊如同一記來自陌生人的凝視，遙遠、陌生卻又使人神魂俱裂。在那個瞬間，彷彿有什麼樣的意念與情感超越了時空的藩籬，從她那裡，到我這裡。」老爺爺聞言，拈鬚微

微一笑，有些調皮地說道，「這就是為什麼我從不阻止我兒子、我孫子在書上亂塗亂寫——當然圖書館借回來的除外——事隔多年後重新回去看那些稚嫩的文字，總會勾起許多最細微、最習而不察的往事。」

　　聽到老爺爺打趣自己的兒孫輩，我有些忍俊不禁，只告訴他不是所有人都像他一樣懂得愛護圖書館的書，「我先前在學校圖書館借書時，曾遇過一本書裡頭有大量的眉批和註記，幾乎每一頁都可以看到前任（或是更久遠以前的）使用者對此書的評點。那個評論者草草地在邊緣留白處寫下『什麼跟什麼啊，真隨便』、『真不負責』、『太偏頗』、『太扯了』，從字跡的或飛揚或端整中，不難猜想他當時閱讀時心緒起伏，令素昧平生的我，在與他心有戚戚焉的同時，不免莞爾一笑。」老爺爺一邊聽，一邊瞪圓了眼睛，想來我的經驗也說進了他的心坎裡。我倆捧著茶杯相視而笑，而那一刻的歡聲笑語彷彿就這

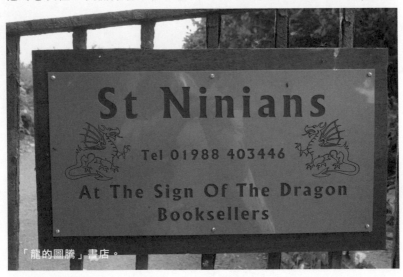

「龍的圖騰」書店。

樣摻入布拉德諾赫河的波濤中，將在某年某月流淌入酒廠的釀造缸，與蘇格蘭最好的麥芽一同在時光裡靜靜發酵。

　　閃過一臺疾駛而來的卡車後，我一邊哼著梁靜茹的〈眼淚的地圖〉，一邊沿著上坡小路走回維格城主街。唱著唱著，我忽然發覺方才和老爺爺所談的經驗，或許可以用洛克（John Locke）對人類心靈的想像來稍作詮解。洛克認為人類最初是一張光溜溜的白紙，等著被種種後天的經驗填上色彩。同樣的，沒有被人讀過的書，充其量只是盛裝著白紙黑字卻毫無靈魂的載體，那些蘊藏於文字中的心靈和思想，只有在咀嚼後方能顯出芬芳。那瞬間，我想起某位老友曾對我說過的話，如今想來雖仍有些文謅謅，卻依舊教人心裡發顫：「別太呵護你的書頁！受到過度保護的書本就像溫室裡豢養的花，嬌艷卻無強勁的芬芳。」

　　「嘿，請問有人在嗎？」

　　我困惑地望著空無一人的庭院，反覆確認這裡的確是地圖上最後一家書店「龍的圖騰」後，有些遲疑地拍了拍深鎖的鐵製院門。說時遲那時快，一隻有些神經兮兮的狗忽然從庭院深處竄出，飛速地奔到我的跟前，隔著院門衝著我汪汪大叫。眼見牠如此激烈的反應，我往後退了一步，正在想自己是不是真的誤闖民宅時，一個中年男子推開門，朝他的狗喚了喚，然後略帶歉意地跟我說，「小姑娘別緊張，牠

有點神經質，但不會傷害妳。妳是來逛書店的吧？稍等，我來開門。」

「抱歉，我似乎沒注意到你們的營業時間，我打擾你們午休了嗎？」老闆領著我走進尚未開業的書店時，我有些不好意思地問道。「不礙事，只要有人願意來我這走走，隨時都可以！啊，忘了先自我介紹，我是理查，這裡所有書的主人。」他一邊說著，一邊打開店內所有的燈，優雅地示意我可以隨便參觀、瀏覽，「妳有在找什麼書嗎？我的店裡除了舊書外，還有各種新書和雜誌。涉及的主題也滿廣泛的，如果妳喜歡輕小說、恐怖小說、犯罪小說或奇幻小說的話，我們的書單肯定會讓妳大吃一驚。」

我有些感動地看著他臉上驕傲的神情，這是一個真正以自己的藏書為榮的書店老闆。我向他表明了來意，當他得知我是從臺灣專門來此探訪書鎮故事時，有些興奮地瞪大了眼睛，「啊，原來妳是臺灣來的女孩！我方才還以為妳是美國的華裔呢。沒問題，坐吧！好久沒跟人聊聊交易以外的事情了。」他啜了口茶，慢悠悠地說道，「其實我是維格城的『外來人口』，用簡單的話來說，我並不是本地人，而是從倫敦搬過來的。不過，我並不是來到這裡才開始開書店，我早在1971 年就在倫敦創立了『龍的圖騰』，所以妳可以說我是這個鎮上對書店最有經驗的人之一。」

「我之所以會搬到維格城，說起來還真是很巧妙的緣分。還記得當年我在倫敦越待越不快樂，除了在倫敦經營書店實在很難外，那個城市的快速、吵雜、紛亂也讓我的健康逐漸惡化，我當時就常跟我太太說，是時候離開這裡了。」提起那些往事，他臉上浮現了懷念的神情，

無人的書店裡略顯寥落。

「正在猶豫時，我恰巧在倫敦的書展遇到一個維格城來的書店業者，他極力邀請我到維格城開業，並極力讚揚這裡的自然環境，既有前景又適宜人居。我和太太來看過一次後就愛上了這裡，於是我們在 2002 年結束了倫敦的書店，舉家搬到維格城定居，一落腳便是十二年。」

「這十二年來我也算是看盡維格城的風雨變換啦！啊，小姑娘，看妳的表情我就知道妳完全明白，書鎮不可能永遠都是美好的童話。」理查笑著說，「就像阿德里安·圖爾平（Adrian Turpin）常講的──他是維格城圖書節的主要負責人──這幾年崛起的 Kindle 將是書鎮自半個世紀前誕生以來最大的挑戰。1997 年時，光只是將一堆書店聚集在一個小鎮裡面，搭配有力的宣傳，就可以吸引很多人過來。事到如今，只是這樣已經不足以滿足大眾的胃口了。儘管很痛苦，但我們必須承認原有的經營模式必須改變，我們除了很多數書店外還有什麼賣點？書鎮還有什麼價值？」

理查站起身，遞給我一疊維格城圖書節的傳單，「如果妳願意了解更多的話，可以讀讀阿德里安關於圖書節的一些訪談和文章，應該可以給妳更多想法。我只能說，幸運的是我們迄今為止轉型的還不錯，大家都在試著因應新的時代。」語畢，他送我出門，鼓勵地拍了拍我的肩膀，「這或許是維格城最棒的地方，在這裡開書店不是你一個人的事，永遠都有一群夥伴與你攜手並進、共同努力。我很高興我 2002 年選擇搬來了這個北方小鎮，希望妳也喜歡這裡。」

離開「龍的圖騰」後，我迫不及待地上網搜尋了「阿德里安·圖爾平」和「維格城圖書節」，確實讀到了許多精彩的文章。圖爾平

先生對圖書節抱持著高度期待，相信這個節慶能持續為書鎮帶來活力，「書鎮不僅是存放圖書的空間，它更應該是交流思想的場域，高品質的圖書節可以朝著這個方向努力，除了賣書外，持續舉辦迷你節慶、寫作課程等活動，讓書鎮這個空間具備更多意義。」此外，他更提醒世人，是時候重新省思出版的本質了，「我們必須承認，當人們現在能夠自由選擇喜好的閱讀方式時，出版的可能遠不只印製出一本又一本的書。我們這裡的二手書店想做的正是如此，繞過這些大企業，提供那些網路書店、電子閱讀不能提供的事物——除了賣書外，更銷售那些只在書店發生的特殊經驗。」

　　我咀嚼著圖爾平先生機鋒盡出的語句，忽然想起昨天在「那間書店」（The Book Shop）內看到一則活動，書店老闆邀請每一位前來購書的讀者朗誦一段文字，他們會將這段錄音放到社群平臺上，與更多人分享閱讀的喜悅和真實的音韻。猶記得我當時見獵心喜地飛速思考要朗讀哪本書、哪個段落，而正是那一刻，眼下的這間書店對我來說不只是一個售書的場所，而是一個活生生、充滿溫情的場域，成功聯繫起作者、出版者、售書人與讀者，讓這些同為出版生、為出版死的人群，超越了時空環境的限制，在那朗誦出聲的瞬間，於心靈面上得以緊緊相依。恍然間，我想起臨行前理查溫暖的笑顏，「嘿，妳不覺得嗎？妳來到這裡，跟我暢談這些關於書店的理想，這正是妳在亞馬遜上很難遇到的、屬於實體書店的真實與魔力。」

---

12 按原意應應翻譯為「有龍的跡象」，但我個人更願意稱其為龍的圖騰。

Chapter

21

Serendipity

　　蕭恩・拜索（Shaun Bythell）是維格城中規模最大的「那間書店」的店主（The Book Shop，他們宣稱自己是蘇格蘭境內規模最大二手書店，不過這點我予以保留），他在 2013 年夏天創辦了隨機閱讀俱樂部（Random Book Club），旨在打破人們在亞馬遜等網路書店習慣的購書思維，希望參與的會員不要再仰賴評價、不要再參考「買了這本書的人也買了……」等資訊，讓那些蟄伏於不經意處的驚奇重現，找回最純粹的閱讀體驗。

　　只要每年繳納 60 鎊的定額年費，「那間書店」將會按月從他們的架上隨機挑一本書寄到你手裡。書的內容、類別可能千奇百怪，也許會是你平常慣於閱讀的種類，但也有可能送來的正好是你這輩子從沒接觸過的領域！多數人在乍聞這個俱樂部時，可能會覺得莫名其妙，為什麼要付錢買一些你不一定愛看的書呢？然而，換個角度想，與其說這是在買書，毋寧說這是在換取一種越來越珍稀的體驗。

　　「亞馬遜網路書店再怎麼方便，都無法帶給你造訪書店、發掘驚奇的體驗，我們想提供的是那些唯有書店能提供而網路無法複製的事物。」一手發起隨機閱讀俱樂部的拜索先生微笑著說，「在這個環節裡，唯一不隨機的只有我挑書的手。我為會員挑書時當然不會蒙上眼睛，裡頭必定有些我的考量。比如說我覺得這本書很有趣、這本書值得被推廣，還有更重要的是，我會避免挑選太過艱澀、需要一定知識水平才能讀懂的書，這是為了保障最基本的閱讀樂趣。迄今為止，我們已經將《福爾摩斯探案全集》、海明威的《戰地春夢》（*A Farewell to Arms*）和薩德侯爵的傳記（Marquis de Sade）等書寄往各地。」

　　在英文中有這樣一個單字，恰巧可以形容這樣有趣的閱讀方式：Serendipity。它是個名詞，出自英國作家赫瑞思・沃普（Horace Walpole, 1717-1797）所寫的童話《錫蘭三王子》（*The Three Princes of Serendip*）。由於書中主角有挖掘寶藏的天賦，因此 Serendipity 便被引申為善於發掘珍寶的天賦或意外發現新奇事物的好運。當我們的品味越來越囿於慣有的興趣和專長時，隨機送書將我們的閱讀經驗帶離習以為常的框架，而那些陌生的、未知的文字，又將會帶給我們什麼樣的衝擊？

　　這個有趣的讀書俱樂部不禁使我進一步思忖，我們為什麼選擇讀一本書？閱讀真的只是出自純粹的個人意志？如果私人的閱讀不只是私人的事，究竟是誰決定了我們的閱讀？關於這些問題，可以討論和觸及的面向相當豐富，不僅動機有千百種可能，展現出來的形式也不只有一種，且在不同的時空和社會文化脈絡中，也可能具有截然不同的意義。

就「誰決定了我們的閱讀行為？」而言，阿爾維托・曼谷埃爾先生在《閱讀地圖》一書中，曾細細爬梳了歷史上各式各樣的「禁止閱讀」，而我在掩卷後回望我們所處的世界，也察覺了不少有趣的現象。一般而言，我們對於「禁止閱讀」的認知與想像，大多都是由某一具威權、說話有分量的人物、團體或階層，以一種上對下的姿態為我們篩選讀物。他們可能是我們的父母親、學生時代的教官師長、甚至是為書籍和電視節目作分級的政府機構。

然而，「禁止閱讀」並不總是以上對下的形象出現在我們的生活中，許多時候，我們身邊尚有許多隱形、潛在的力量在發揮作用。或許這些力量從未大聲宣告或喝止我們的「偏差閱讀行為」，但它們確實從各種面向決定了我們看待閱讀的方式。好比說，近年來有不少名人喜歡開出推薦書單，也經常會有諸如《2014 年文青必讀的五十本書》等作品問世。這樣的書籍推薦固然立意純善，嘗試在茫茫書海中為時間有限的大眾去蕪存菁，然而，推薦好書也意味著設計書單的人先一步判別了高下優劣，接受推薦的我們雖未被「禁止閱讀」某些作品，但「不鼓勵閱讀」的訊號其實已隱藏其下了。

在「禁止閱讀」的範疇中，社會對書籍、文本普遍抱有的價值觀亦是一個顯著的例子。曾幾何時，我們敢於在大眾面前大刺刺的閱讀《羅密歐與朱麗葉》，卻羞於在捷運上看從 7-11 買的 49 元廉價言情小說？《羅密歐與朱麗葉》與《總裁小親親》兩本書，在本質上都是愛情故事，其情節套路或許也無甚不同，但我們對於這兩本書的觀感差異，促使我們在閱讀時採取不同的方式。我們可能因為自身、同儕、整個社會普遍對言情小說的較低評價，而下意識地認為這樣的閱讀行

為不登大雅之堂，甚至是自己決定「禁止閱讀」這類作品。

　　同時，各大書店推出的主題書展、促銷活動等，亦在不經意間深深牽動著人們的閱讀選擇。書店經營者透過有意識的話題設計、低價促銷、兩本 75 折等手段，強而有力地影響讀者們的購書和閱讀行為。然而，這些包裝的背後，很可能只是為了出清庫存的而研擬的行銷策略，但卻決定了某一個時期、某一個地區的讀者們，將要閱讀的書甚至是日常談論的話題。

　　除此之外，不僅讀者的閱讀行為會受到多方牽引，人們的閱讀選擇還會反過來影響作者與出版人。過去在一門名叫「明清檔案與歷史研究」的課堂上，跟著老師讀了不少奏摺、題本等清代文書檔案，其中令我印象最深刻的是，原來雍正皇帝曾經將他的硃批諭旨整理出版，收錄在四庫全書裡！因此，現在只要到圖書館翻閱四庫全書，便能輕而易舉地讀到雍正皇帝當時的手筆。有趣的是，仔細對照出版後的硃批奏摺和原件，會發現兩者的內容有所出入，有頗多地方曾經明顯地刪修。這並不是四庫全書編纂、謄抄人員的失責，而是雍正皇帝自己在出版這批奏摺前，便細細地重讀一遍，將他認為不妥之處刪去、改正，於是乎出版後公諸於世的奏摺內容，便和最原始的檔案有所差異了。

　　由此可見，當作者意識到自己的作品即將被出版、即將攤在光天化日之下供群眾檢視，的確會出現在寫作上「自我禁止」的現象。不僅僅是雍正的奏摺，這樣的現象或許普遍存在於所有的作者和出版人身上，他們勢必會預先設想可能的讀者群，並以此作為行文布局時的

參考和憑據。如此一來，他所寫下的文字便不只是純然的個人意志，尚含括了更多的考量，而這樣的調控與刪修，亦是某種形式的自我檢查和自我禁止，公眾的輿論和眼光或許不會直接管控我們的言論，但這些力量在無形之中，仍舊實實在在地牽引著作者與出版人。

走筆至此，我忽然想起曼古埃爾先生曾在他另外一本書《深夜裡的圖書館》（*The Library at Night*）提到類似的觀點，「我們的書籍會成為向著我們或反對我們的見證，書籍反映出我們現在是何許人，以及曾經是個怎樣的人，持有讓我們在生命冊上定案的部分頁數。我們因這些號稱為自己的書籍而會受到論斷。」誠如此也。

「那間書店」書店。

IVOR

SANDY WILSON

'when I get a
little money
I buy books;
and if any is
left I buy
food and
clothes.'

erasmus

Children's

Children's
Books

「那間書店」裡隨處可見充滿機敏智慧的文句。

Chapter

22

在城市的書海漂流

「啊，真抱歉，我的狗打擾到妳了。」坐我對面的男士誠懇地向
我致歉後，彎腰抱起那隻正不安分地在桌上亂竄的瑪爾濟斯，以解救
我飽受狗蹄欺凌的文具和明信片。他安撫完小狗後，盯著正振筆疾書
的我沉默了半晌，末了才有些不好意思地問道，「妳在寫什麼文字呢？
是中文嗎？」我聞言，抬頭向他微笑頷首，而他則有些興奮地追問，
「那在中文裡，『倫敦』長怎麼樣子？妳能寫給我看看嗎？──啊，
我有剛看完的報紙，妳可以寫在這上面。」由於方才寫的明信片中正
好有提到倫敦，我連忙示意他毋須翻找廢紙，只從善如流地將那張明
信片推到他眼前，用手指點了點那兩個字。

「天啊，這真美。只是簡單的兩個符號，卻像有魔法一般。」
「就像倫敦一樣？」
「是的，」這個抱著馬爾濟斯的粗獷紳士瞇眼笑了出來，「就像
倫敦一樣。」

倫敦的確是個有魔法的城市。當然，我並不是指這裡有王十字車站（London King's Cross）和九又四分之三月臺，儘管它們是這座城中距離巫師、童年和豐沛想像最近的地方。事實上，倫敦作為狄更斯（Charles Dickens）筆下與巴黎鼎足的雙城，一直以來總不如隔著英吉利海峽遙望的夥伴那般，有著浪漫而美麗的聲名。人們提到倫敦，第一時間想到的似乎總是濛濛漫漫的煙塵、揮之不去的霧、下個不停的雨，而這幅狀似悲慘的街景中，偶爾還會增添三兩抑鬱陰沉、腳步如飛的行人。

　　然而，接連走過這兩座聞名遐邇的大城，相較於風情宛然的巴黎，我卻更喜歡總讓我想起老家臺北的倫敦。每當此地下起陰陰綿綿的雨時，我總會想起那個一年四季都泡在水裡的島國都城，彷彿我腳下所踩踏的濕滑路面，在下一個轉角便會與連綿不絕的忠孝東路相連。這種奇異的情懷，在我後來回到臺北卻情不自禁在東區巷弄間尋找倫敦的況味時，進一步成為交揉了故地與他方的鄉愁。自此之後，骨子裡裝著城市靈魂的我，便無可自拔地在許多我待過的城垣間輾轉流浪，用混雜更迭的記憶為她們譜寫一首又一首詩。

　　抵達倫敦前，我曾想過經歷了將近一個月的鄉村生活後，我會不會難以適應城市的快速，沒想到甫踏上倫敦優斯頓車站（London's Euston）的地土，步履翻飛的倫敦人立刻讓我找回在大城市闖蕩的節奏，我就這樣毫無障礙地加入地鐵站洶湧的人流，成為列車上打哈欠

看報紙的尋常倫敦客。然而，儘管我習於扮演都市人，但在逛書店這個本職上，似乎被充斥著獨立小書店的鄉村養壞了胃口，因而當我在皮卡迪利圓環（Piccadilly Circus）見到動輒數層、規模宏大的哈查茲（Hatchards Bookstore）和水石書店（Waterstone）時，仍像劉姥姥進大觀園那般，禁不住發了會呆。

其實，哈查茲書店大有來頭，它曾被《衛報》的記者尚恩・多德森（Sean Dodson）於 2008 年所寫的〈頂級書架〉（"Top Shelves"）一文中，評選為世界上最好的十間書店之一。它同時也是英國現存最古老的書店，自 1797 年創辦起，兩百多年來這間書店不只為皇室服務，也在 19、20 世紀的英國文人生命中佔有一席之地，如喬治・拜倫（George Byron）、奧斯卡・王爾德（Oscar Wilde）等文豪都是這間書店的常客。至於水石書店，則是英國數一數二的連鎖書店集團，在實體書店逐漸邁入凋零之際，曾被讀者批評為「沉悶又無聊」的水石選擇積極轉型，他們放棄連鎖品牌常有的標準化陳列，讓各門市有一定的自主採購空間，從而使每間店都有自己獨一無二的專業特色，以「多樣化」和「個性化」的經營在 21 世紀殺出一條生路。[13]

然而，當我們將腳步抽離充斥大型書店的皮卡迪利圓環，來到大英博物館（The British Museum）以及羅素廣場（Russell Square）附近的布魯斯貝里街（Bloomsbury Street）時，許多小巧溫馨的獨立書店又躍然眼前：著名的倫敦評論書店（London Review Bookshop）和書籤書店（Bookmarks）就位於這一帶。前者是一家相當「嚴肅」的書店，儘管店內氛圍相當輕鬆寫意，架上陳列的卻是一部又一部值得沉潛深思的作品。他們挑選的書籍大多想法活躍、靈動，這或許多少反映

哈查茲書店。

了《倫敦書評》本身中間偏左的立場。至於後者，則是隸屬於英國
社會主義工人黨（the SocialistWorkers Party）的左派書店，從他的店名
Bookmarks 諧音雙關 Marx（馬克思）看來，我們不難想見這家店的選
書色彩。的確，這家書店成功讓馬克思（Karl Marx）、恩格斯（Friedrich
Engels）、列寧（Vladimir Lenin）、史達林（Schlacht Stalingrad）和托洛
斯基（Leon Trotsky）等著名的思想家與行動者們，跨越時空共聚在此。

在倫敦逛書店的經驗無疑和書鎮截然不同，你很難像評論海伊、
塞德伯和維格城那般，為倫敦的書店文化下幾個精準的關鍵字。這裡
的經營生態或許更貼近我們對書店的慣常認識——雖落腳於城市，卻
和這方水土有著曖昧不清、若即若離的聯繫。這些書店或大或小，或
獨立或連鎖，或保守或新潮，皆以零散的姿態在城市各處呼吸吐納，
而他們共構起的文化氛圍更是似有若無、既捉摸不清卻又真實可觸，
既屬於倫敦又不屬於倫敦。

我不禁感慨地想，關於倫敦，關於倫敦的書店，我或許無法比李
有成先生說得更好、寫得更精，[14] 何況我僅剩的數天時光也不及細細
感受這座城市數以百計的書店。然而，這一個月來輾轉多地的經驗，
還是從根本上翻轉了我觀看的方式——相較於書店本身的樣態，我更
關注人群、城市和書店之間的聯繫，以及這三項元素如何型塑該時空
中人們談論、關懷甚至思索的形貌。當我拎著袋子走出史庫博書店
（Skoob）書店時，熾熱的陽光曬得我兩頰微微發燙。不遠處正有一個
年輕人騎著腳踏車呼嘯而過，他車籃裡那個史庫博書店的袋子正迎著
風翻飛作響。

自北方歸來後，這幾天的倫敦都是晴空萬里、豔陽高照，使這個素以陰鬱著稱的城市看來明亮開闊許多。我忽然發覺自己在巴黎和倫敦都幸運地遇上很棒的天氣，讓我印象中的雙城都如此閃閃發光（這告訴我們好天氣果然是很重要的）。拜好天氣和倫敦貴桑桑的地鐵票價所賜，我這陣子經常步行往來各地，而我非常喜歡這樣獨自一人在城市中晃盪的感覺，彷彿如此一來便能融入形色匆匆的人潮中，成為城市流動的一部分，進而能感知此地每一瞬的變化。

　　我喜歡倫敦塔橋深藍與淺藍的配色，在藍天的映襯下顯得如此相得益彰。我喜歡波羅市集（Borough Market）的熱鬧與帶勁，那裡充滿了好吃的食物與人情（甜甜圈啊！海鮮飯啊！義大利麵餃啊！）。我喜歡在塔橋附近遇見的兩個男孩，他們像小大人一樣正襟危坐地共享一份炸魚薯條。正想故作不經意地偷拍他倆時，沒想到小傢伙們發現後反倒落落大方，不僅擺好拍照姿勢，還留給我一抹燦爛如花的笑容。我喜歡終於走上查令十字路和布魯斯貝里街的感動，雖然魂牽夢縈的那家書店早已乘黃鶴遠去，但能夠隔著迢迢時空憑弔，還是令人在欣喜中雜有憂傷。我喜歡諾丁丘（Notting Hill）上房子的五彩繽紛，在烈日下有著幾近透明的光澤，看來分外乾淨清爽。我喜歡騎著腳踏車在西倫敦晃盪，當你在一個又一個的公園間穿梭時，會幾乎忘記這裡是倫敦，以為你仍舊在鄉間高速飛翔。

　　然而，在眾多美好中最令我印象深刻的，卻是在倫敦塔附近發

呆時偶然遇見的書本長椅。這是由英國國家讀寫素養信託組織（The National Literacy Trust）於倫敦舉辦的獨特書展，名為「城市與書」（Books About Town），自 2014 年 7 月 2 日起展出至 2014 年 9 月 15 日。與慣常所見的書展不同，主辦單位選擇以公園長椅的形式將書籍帶入人群。他們挑選了 50 部與城市有關的文學作品，並將與書籍相輝映的書狀長椅安置在倫敦各處。這樣的書展相當別出心裁，它不僅能吸引有意前來觀賞的人，也能在不經意間深入倫敦人的呼吸吐納。好比說，當你在深夜結束聚會，與夥伴拎著啤酒走過格林威治碼頭時，或許便正好坐在繪有達爾文（Charles Darwin）《物種起源》（*On the Origin of Species*）的椅子上，讓那株怒放的大樹與你共度一個微涼的夏日夜晚。

　　這個可愛的展覽使我一發不可收拾地沿著泰晤士河尋找其他書本長椅的蹤跡，我先後沿著主辦單位提供的四條路線尋訪，分別是布魯斯貝里線（Bloomsbury Trail）、西堤線（City Trail）、河岸線（Riverside Trail）和格林威治線（Greenwich Trail）。猶記得當我在布魯斯貝里線上遍尋不著《傲慢與偏見》（*Pride and Prejudice*）長椅時，有個小女孩緊牽著母親的手飛掠而過，高聲地呼喊著：「看到《傲慢與偏見》了！媽媽，我們只剩下最後一個《彼得潘》（*Peter Pan*）要蒐集了！萬歲！」我看著她母親臉上無奈又縱容的表情，以及小女孩手上那張劃滿註記的地圖，忍不住開懷地笑了。

倫敦書評書店。

書籤書店。

由英國國家讀寫素養信託組織 舉辦的「城市與書」書展，將書與長椅做了有趣的結合。

13 在皮卡迪利這一區的書店走逛時，我發現這些店家往往有個共通的特色，不知道這是不是某種不可言說的默契——他們會為不同類別的書區各自取一個別緻的名字，並附上一段名言，看起來非常有質感，很對我這個假文青的味。比如在哈查茲書店的歷史書區，便擺了一個寫著「歷史為我們上的課」的牌子，下面還註記赫特利（L.P. Hartley）的名言「過去宛如異國，人們在那所做的事情總跟我們現在不太一樣。」

14 作家李有成先生曾為《自由時報》副刊撰寫走訪倫敦書店的心得；詳見李有成，〈我常去的倫敦書店〉，《自由時報》自由副刊 2006 年 11 月 20、21 日。

Chapter

23

請代我獻上一吻，
我虧欠它良多

賣這些書給我的好心人已在幾個月前去世了，書店老闆馬克先生也已經不在人間。但是，書店還在那兒，你們若恰好路經查令十字路八十四號，代我獻上一吻，我虧欠它良多……

——海蓮・漢芙，《查令十字路 84 號》

2014 年 8 月 23 日是我回到倫敦的第二天，正準備前往那條傳說中比整個世界還大的查令十字路。由於那裡有著我心心念念的書店神話，昨天夜裡我便無比忐忑，深怕自己一個不小心便玷辱了這個美好的夢。臨睡前我泡了杯茶，徹底平撫自己的激動和焦躁後，我從行李中取出那本跟著我繞了一圈英國的《查令十字路 84 號》。

就好像古代帝王要祭祀之前，總要齋戒沐浴一番才能踏入聖壇，於我而言，重溫這本書就是造訪查令十字路前的儀式。睽違許久後再

次翻開書頁，裡頭那些文字彷彿從記憶深處迢遞而來，承載著這些年來我每一次閱讀時的感動，在這個溽熱的夏日夜晚裡與萬家燈火一同閃爍，而我得以在黑夜裡光速飛行，任由飄忽的想像將一切吞沒。讀著海蓮和法蘭克寫給彼此的信件，他們之間令人動容的情誼重又清晰在目，暖暖地，如此溫柔靜好。

《查令十字路 84 號》是一本書信集，集結了美國作家海蓮‧漢芙 1949 年至 1969 年間，與倫敦查令十字路上一家專事買賣舊書、名為馬克與柯恩（Marks & Co.）的書店，二者之間長達二十餘年的魚雁往返。這一切的因緣起於海蓮在報紙上看到該書店的跨海廣告，修書一封託其代為購書、尋書，而負責接待的書店經理法蘭克（Frank Doel）善盡職責，雙方因此建立起良好的買賣互動關係，自此之後更是書信不輟。

在那個剛走過第二次世界大戰、各地甫從一片兵連禍結中復甦的年代，兩人之間的通信雖以書籍買賣為主軸，然在信中間或夾雜的幾句問候，在漫長歲月的流轉下，亦積累出極為誠摯深厚的情誼。可惜的是，法蘭克於 1969 年逝世，使他們畢生未及謀面，但這樣抽象而遠距的交流，卻在精神面和物質面上深刻地影響彼此數十年。

我永遠忘不了我第一次讀完《查令十字路 84 號》的那個晚上，海蓮、法蘭克和那間座落於遙遠記憶裡的書店，聯手寫下了一段極盡美好的神話，讓那個年方 15 歲的懵懂少女恍然明白，原來在那個兵荒馬亂的年代，有那麼一群人，在飽嚐的生活的棘刺、辛酸與痛楚後，還能以這樣真摯的情感，在靈魂的層面上高速筆談。

　　值得慶幸的是，這個美好的故事還有後續。1971 年 6 月 17 日，
海蓮應英國出版商之邀，前去倫敦宣傳即將上市的《查令十字路 84
號》。因著這樣的機緣，盤亙在她心中多年、負笈倫敦的夢終於有了
成真的一天。只可惜，彼時的英國於她而言早已物是人非事事休，儘
管她鍾愛的英國文學仍舊在那兒，但她摯愛的書店友人卻已凋零殆盡
了。她懷著這樣複雜的情感在倫敦盤桓了月餘，後來更將當時所寫的
日記付梓成《布魯斯貝里街的女公爵》（暫譯，原書名為 *The Duchess
of Bloomsbury Street*）。

　　《布魯斯貝里街的女公爵》的風格迥異於《查令十字路 84 號》，
全書充斥著一種淡淡的愁緒，一字一句都在訴說著夢想的成真與失
落，讀來分外令人動容。當海蓮終於可以突破二十多年來的鴻雁往返，
將其與書店抽象的連結轉化為實體的造訪時，人事卻已不復往昔。當
時《查令十字路 84 號》已付梓出版，海蓮的身分也從一個名不見經
傳的小作家變成名人，其中心路的轉折亦有可觀之處。[15]

　　對於海蓮來說，在倫敦的這一個月無疑是交雜著歡笑與淚水的夢
境，而這或許是離開了熟悉之地去外頭奔赴理想後，最難以避免也最
沉痛的副作用。然而，我始終相信——我想海蓮也是這麼相信的——
無論一路上是悲或喜，這些快樂和憂傷最終都會發光。正如張曼娟曾
經說過的，「要想不聚不散，正如人生一世無悲無喜，恐怕不夠深刻，
況且，談何容易？所以，我依然願意，迢迢地，去和朋友相聚。再孤
獨的走長長的路回家。」

　　如今海蓮已逝，我們無從探究英國之於海蓮究竟是怎樣的存在

（或許就連她自己也談不清楚）？只能說，也許人的一生中總會有某個陽光燦爛的片刻，能教人窮盡一生去換取那一瞬的光亮。正所謂腳步未及，卻是吾鄉，那些不知從何而起、將往何處而去的精神質素——或許可以說這是某種情感認同——能夠超越一切時空，讓路遠迢迢的我們卻在心靈上緊緊相依。即使海蓮在 1971 年以前從未造訪過英國，這個能輕易點染她的國度卻在無數的「英國夢」錘鍊下，比眼前家鄉紐約更加真實可觸，因而她可以甘於這麼漫長的等待。

　　當我終於踏上查令十字路 84 號，隔著時空憑弔那家我魂牽夢縈卻芳魂杳然的書店時，那已然物換星移的街景使我總算明白，有某些憧憬、某種氛圍、某個城市和某些飄忽的光影，只能傾盡一生之力去想像。它存在於年少的幻夢、渴慕中，參雜了些亟欲長成的躁動和無措，對於海蓮來說是英國，對我來說或許是康河的柔波、邊關的行走和一枝筆走天涯的人生路。那是最美的年華，也是每個人心中的邊城，始終靜靜佇立在那，只有在極為偶然的時刻，你才會恍恍然想起。

15《查令十字路 84 號》在 2002 年時即有中譯版，然而其姊妹作《布魯斯貝里街的女公爵》卻始終未能以中文的面貌進入華文閱讀圈，殊為可惜。

啟程

終於要離開英國了。

　　由於這陣子不斷被各方好友慘痛的經驗談洗腦，深怕行李檢查素來嚴格的英國機場會使我被迫抉擇要扔哪個行李箱，在不想賭運氣的前提下，出門前我努力地為原先總重約 43 公斤的行李瘦身，後來一共留了 5 公斤的雜物在倫敦，只帶了 7 公斤的隨身行李，剩下超額的 1 公斤我全部藏在身上。除了把能穿的衣服都穿上外，我還將所有圍巾都繫在頸間，褲腰更藏了兩包雜物。在重重裝備加持下，我到蓋威克機場時顯得無比臃腫，突兀之至，還引來地勤人員善意的關切：「女士，妳是不是非常怕冷啊？」

　　所幸辦理報到手續時，我的隨身行李非常幸運地沒有被檢查、秤量，託運行李也完美地控制在 30.4 公斤，於是毫無懸念地就過關了。鬆了一口氣的同時，回頭想想自己竟然能在一個小時內把行李重量降到安全範圍，的確是很不可思議的一件事。直到那一刻我才發現，原

來行李箱裡有這麼多食之無味、棄之可惜的身外之物。那彷彿是一個學習放下、練習斷捨的過程,對我這個向來什麼都捨不得,連阿聯酋航空的機上菜單都想留著的人無疑是場震撼教育。把這些雜物或送人或卸下之後,忽然覺得自己又提升了些許遠行的能力,從今以後,我真的可以慢慢學做一個千山獨行,來去如風的人。

然而,以旅行之名記憶一段時光,最沉痛的副作用或許是所有離開的人、所有歸來的人,以及所有留在原地靜觀來來往往的人,總是忍不住互相探問旅行的意義。嘿,你出發後得到了什麼?失去了什麼?抵達後看見了什麼?思索了什麼?啟程前與歸來後,你/我/他又改變了什麼?當旅行橫跨的時間段不只是四天、五天,而是一段足以看見季節轉變的日子時,這樣的詢問會更加如鯁在喉,敦促著旅人不惜搜腸刮肚、翻撿意義,以證明自己不虛此行。然而,這些離鄉背井在我們生命中留下的刻痕,往往正隱於這些細微處,如涓滴流水,在不經意間打磨了我們。

真正使我蛻變的,或許是那些橫亙於移動與停留之間的變化,它們像最誠實的照妖鏡,反映出我身在異國他鄉、身在自身國境之外,最坦然的模樣、最真實的恐懼。比如我漸漸學會拿捏信任與防備之間的分寸、學會如何在千里之外的異地與寂寞和自我共處、學會如何在快速移動的過程中優雅地說聲再見。(當然,或許還有攜帶超重的行李在鄉村和城市間轉悠。)

這是我真正意義上第一次獨自遠行,便走了那麼遠那麼久,除了蘇格蘭高地和北愛爾蘭之外,我就這樣繞了英國一圈,也不知道等我

下次造訪時，蘇格蘭還在不在大不列顛聯合王國的管轄範圍內。這趟遠赴英倫的冒險帶給我的機遇、可能與靈感很難一語道盡，它甚至比我本人夠格成為付梓的傳奇。在歐洲的這一個月，或許是我在青澀的歲月初染風霜之際，所能送給自己最好的禮物。它促使我開始反芻在閱讀的這條路上，我所遇過的快樂與憂傷。值得慶幸的是，當初那個因為收到一本英文版四書而開心了整個禮拜的小女孩未曾消失，仍舊在她最熱愛的書本裡汲取滿滿的勇氣，持續成長茁壯。

深深感謝這一路上遇到的人、錯過的人，也同樣感謝那些在家鄉靜靜等候的故人。我能夠走到今天、並為自己如今的轉變感到自豪，這之中想必有你們的功勞。你們是我的靠山、我的底氣，是我放膽去突破經驗邊境時心中最安穩的地方。屬於英倫的、屬於 20 與 21 歲之交的故事即將寫下終章，但生命不息、歲月不止，歸去後又是另一段旅程的開始。我想我會越來越勇敢的，畢竟那些屬於旅人的勇氣，都是在一次又一次的嘗試與突破中歷練出來的。經過這個夏天後，我對於獨自上路更加輕車熟路了。

開始下一段旅程之前，我帶著些許衝動放棄了許多東西，儘管過程有些苦痛，但此刻的我只有自己和一艘小竹筏，我承負不起太多。這次的遠行為我開掘出另一條人生的航道，於是這一切成了我所有漂泊的起點，自此之後便是千山竹海、暮雨瀟瀟。臨別之際，我留了一個頗重要的東西在倫敦，就把它當作重返故地的理由吧，我相信機會很快就來。這個多雨卻總愛速速放晴的國家，我們等會見，而那些與我在百花深處偶然交集的人們，感謝一切的機遇與命運，從今而後，我將如此記憶你。

Postscript

後記

Up, Up and Away

李亞臻

　　構思這篇後記時，我已然距離那個有英國、有書鎮的夏天很久很久了。此刻我正以交換學生的姿態，全副武裝躺在北京近郊的古北口，在山頂接近零度的氣溫裡，與司馬臺長城作伴，等眾星與明月滿滿亮起──這大概是我這輩子迄今為止，做過最瘋狂也最光怪陸離的事情了。

　　我與北京大學天文社的夥伴在晚上七點一同開拔上山，在一片漆黑之中，時間的流動似乎益發緩慢明確，當我幾乎要以為我已經在山頂待上一整個世紀時，一開手機卻才不過剛度午夜。我凝望著頂上那片耀眼的星空，第一次知道原來看星星也會讓人幾欲淚流。它們從亙古而來，日以繼夜，明明是每個夜裡都會有的景色，我卻突然想起「紅顏一春樹，流年一擲梭」這樣美麗的句子。那片星空我無論如何努力

都拍不下來，彷彿這些人間至美的景色，都需要親自耐寒受凍後，才能堪堪換到一夜的回眸。

在這種萬籟俱寂的時刻，很多平日沉澱在生活底層的思緒忽然清晰起來，我開始回想我從這奇蹟般的、驛馬星動的半年汲取了什麼樣的養分。想著想著，答案便如月上中天、群星盡隱般，忽然清晰地浮現了出來——那些我曾負笈的遠方，於我而言便如同駱以軍先生筆下的「發光的房間」，是某些深深影響一生的、定格的片段。將來我回首眺望這段日子時，最能提煉出精華的兩個關鍵字，大概就是「行旅」與「書寫」了吧。

就像一個好朋友曾對我說過的，「我未來的舞臺將會在海洋之外，這座島嶼是我的家，卻不足以乘載我的抱負，未來面對什麼樣的掙扎折磨與惡鬥，我都不知道。但是，也許終究得投身一個壓榨自己、昇華自己的環境，才能更加逼近、發掘『我是誰』。當我更了解自己，才能更了解這世界。」我想這也是我的宿命。直到經歷了頻繁的行旅後，我才明白唯有這樣不停歇的移動，我才能爆發出更好的創造力。作為旅者的我更加虔誠地觀察、思索、書寫這個世界，2014 下半年我所獲得的靈感，以及這些靈感對於人生的衝擊，都是我過去從未有過的。

當我漸漸發覺這些文字除了是個人生命的反芻和回溯外，還能夠持續地散發能量，在我所不經意處掀起波瀾，即便只是很微小的觸動，都是令人感恩的事。直到此刻，我才恍然驚覺正是因為這些時不時的感動，才使寫作始終是我自孩提時代起，便不曾厭倦怠懶的事。很感

謝這段時間以來所有的讀者和鼓勵我繼續書寫的人們，如果沒有你們的回饋，我想必不會那麼勤奮地記錄。如果這些文字曾觸動或是感染了誰，這絕不是我一人之力，而是所有人共聚一堂的機遇與緣分。在此，無疑要向一些特別的人致上謝意，是你們讓這一切不只是無人問津的空想。

感謝龍應台文化基金會和思想地圖計劃，它們讓青澀學飛的雛鳥有了堅實的臂膀。感謝我可愛的家人，你們教會我怎麼走路、怎麼飛翔，但我想你們大概永遠不知道，我有多麼願意為你們獻上我的翅膀。感謝一路走來始終如一的李珩，為我這個圖像白痴貢獻了這麼多心力。感謝親愛的翌帆弟弟，若非有你始終堅定地站在法國與我相伴，那個獨行歐洲的夏天想必不會如此放鬆快活。感謝 EJ，多虧了妳在暑假的頹廢作息，使妳總能橫越七小時的時差，不住地為我捎來陪伴與問候，撫平了我遠走萬水千山的難捱寂寞。感謝俐均，妳用生花的譯筆聯結了英國與臺灣，讓布斯先生和尼爾森小姐的文字得以被更多人看見。感謝親愛的守富、我在臺大女二舍的室友皮皮、一針和陶葳，你們毫無怨言的承受我在趕稿時的崩潰與焦躁，若這本書中能落印付梓，這之中必定有你們的功勞。

感謝臺大歷史系的林維紅老師，她讓我見識到一個有理想的人如何照耀這個世界。感謝臺大歷史系的秦曼儀老師，是她帶著我走進閱讀和書籍史的殿堂，學會用更深刻的眼光審視書籍與社會的聯繫。同時，也要感謝中央研究院歷史語言研究所的陳熙遠老師，他總在我過度燃燒之際，以最大的耐心包容我這橫衝直撞的初生之犢。

感謝「Books Walker × Thinking Map」這個粉絲專頁的追蹤者，是你們讓一個戰戰兢兢出航的少女有了書寫的理由和方向。感謝那些曾收過我明信片的親朋好友，因為對我來說，每一回蜷縮在咖啡館一隅寫明信片都是一記靈魂的擁抱，有你們能讓我傾訴滿腔的思緒，或許是那個躁動的夏日裡最好的慰藉。最後，要謝謝二魚文化事業有限公司不期而來的肯定，讓我有機會把記憶蜿蜒成可以遮風蔽雨的小天地，然後將當時四逸的青春及美好的沉思都謄抄進這本小書裡。至於那些由內而外生發的、支持我一路蹣跚至此的力量，將永遠平穩地停放在 2014 年那個奇異的、開啟一切的夏天，當時的養分至今依舊源源不絕，而我得以理直氣壯地立於歲月的交替線上，回首來處並眺望遠方。

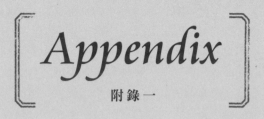

附錄一

從遠方迢遞而來的聲音

致臺灣的讀者

親愛的臺灣讀者：

書鎮的概念，其實不只是幾位書店業者的群聚，而是一種全新的國際經濟形態，主要的目的是要克服過度被政治主導的旅遊產業。身處大眾媒體時代的政治人物，往往和自身的代表區有嚴重的利益衝突；他們本應為自己所屬的鄉村區域發聲，但實際上卻只在乎自己的媒體曝光度。因此，那些失去代言人的鄉村只能以海伊鎮為典範，靠自己的力量嘗試在國際上展露頭角。

在社會生態學上，重複使用比回收有效率，如此一來世界上最大的夕陽產業將有機會可以轉型成為綠色產業，50 個書鎮可能成為 500或是 5000 個。因為在這個網路以及數位產品蓬勃的年代，人們取得資

訊、知識的管道，不再受限於以廣告營利的主流媒體。而書籍是一個
國家文化最有代表性的標識，它們可以是發展旅遊產業的最佳助力。
至於新書與二手書最大的不同，可以用下面這段話來歸結：「新書的
成敗仰賴作者的宣傳與行銷，它屬於國內經濟的一部分；二手書的傳
播則重視作品本身的內涵，並且能夠達成國際間的經濟交流。換言之，
新書是為了彰顯作者自我，但二手書才能真正彰顯作者的智慧。」

　　我厭惡媒體為了商業利益對新聞做選擇性報導，比如說梅鐸集團
——他藉由偽民主的媒體事業宰制了話語權，並因此獲致鉅富（儘管
他們是海伊鎮文學節最主要的資助與支持者）。故而我為以下這些理
由執筆撰寫這篇簡介感到榮幸。首先，由於主流媒體關於書鎮的報導
都是胡說八道，因此我希望透過不同的語言文字書寫，能重塑書鎮最
初被創造的樣子。同時，也因為有個海伊鎮的居民曾經在 1712 年撰
寫臺灣歷史，而我希望即便歷經三百年，這樣的淵源仍然將我們連結
在一起。

理查・布斯（Richard Booth）

書鎮對於未來的意義 ————————————————————

　　故事是這樣開始的：1977 年，有位叫作理查 · 布斯的書商，宣布自己成為威爾斯邊界一個小鎮、懷河畔海伊鎮的國王。這個花招吸引了許許多多書商來到這個書的王國，而這個鎮，從此歡迎各種有關書籍的生意。

　　而彼得 · 佛羅倫斯（Peter Florence）在 1987 年首先創辦了海伊文學節（Hay Festival），這個節日在今天已經發展成英國一個很大的節慶，海伊文學公司更在世界的各個角落，持續舉辦各種文學活動。到了九〇年代中期，國際書鎮組織成立並整頓了全歐洲使用「書鎮」概念的地方。直到今日，國際書鎮組織已經擁有 17 個書鎮會員分布在全球四大洲。

　　但為什麼要創造書鎮呢？

　　東尼 · 西頓（Tony Seaton）是位專門研究觀光產業與旅遊行為的教授，他受託研究所有可能讓書鎮成功的因素，為蘇格蘭政府選擇一個地方發展書鎮。各地的小村莊和城鎮加入角逐「書鎮」名號的行列，他們多半是期盼成為國家書鎮後，能為他們帶來補助、名氣以及各種生意的機會。維格鎮最後得到了這個頭銜，在二十年後的今天，維格鎮不僅屹立不搖，而且改頭換面成為一個與過去截然不同的城鎮。

　　這就歸納出了第一個創造書鎮的理由 —— 再生！書鎮不僅會為當

地的新舊生意帶來蓬勃的經濟利益，更為在地人提供新的工作機會與收益。這是一種整體的力量，透過共同計畫、建設、廣告行銷，並集合各領域裡的專業人才呈現更多元的消費選項，地方經濟會因為書鎮的概念而更為蓬勃。比如說，一個書鎮需要足夠的書店、旅館、餐廳，以及各種非關書籍的商店，並舉辦足夠的活動，來吸引不同種類和年齡的遊客。簡而言之，地方會因為書鎮的概念而成為繁榮的旅遊景點。

其次是草根性。所有成功的商業計畫都知道要持續發掘可能的顧客來確保穩定的客源，我們稱之為尋找「草根性」，而這與書鎮的教育功能息息相關。在地居民以及拜訪者，可以藉由各種課程、講座和活動成為「書鎮之友」。透過這些活動，期望他們不僅能自己頻繁的拜訪書鎮，更會鼓勵周遭的人來認識書鎮。在收音機和電視的宣傳下，這個文學盛典不只是對觀光客的一大吸引，更增加在地社群草根性。

再者是未來的證明。實體書籍消失的主要原因之一就是數位媒體的發展，大量成長的電子書讀者對紙本書產生很大的威脅，但也因此帶來許多機會。書本的存在並不僅僅關乎於文字，比如說，中華文化就一直都很注重書卷的藝術與工藝性，這是一種本質的美，同時也代表著歷史的價值。也許大家會在電子閱讀器上看一本科幻小說，但即便是個好故事也很快就忘記了、丟掉了，因為那並不值得收藏。然而總會有那麼一些書——一些透過知識、插圖、精美的紙張、新設計的字體、顏色、重量，甚至氣味，構成的文字組合——讓你覺得實在太重要了，必須擁有並收藏它們。這其實也就是書籍透過文字與工藝性承載文明與歷史的直接展演。而書鎮未來最重要的目標，就是鼓勵人們去理解那些之所以構成書籍的事物，還有它們背後的意義。

　　所以，在不久的將來，我們希望能在世界的各個角落看到書鎮，我們期待使用不同語言為書籍增添歷史意義與在地的草根性。更期待書鎮能為新世代的作家、插畫家、書法家、造紙家、詩人、畫家，還有最重要的——為讀者，帶來對於書籍的愛！

Carole Nelson.

凱蘿 • 尼爾森（Carole Nelson）
塞德伯書鎮信託組織主席
（Chairman Sedbergh Booktown Literary Trust）
2014 年 12 月

附錄二

徜徉書鎮的正確方式

Tips 1　海伊鎮（Hay-on-Wye）

交通

　　海伊鎮座落於英格蘭與威爾斯的邊境線上，有相當便捷的公路網聯通周邊的大小城鎮。要造訪海伊鎮，除了自行駕車外，最便捷的方式就是搭火車了。離海伊鎮最近的火車站位於赫瑞福德（Hereford），一個位於英格蘭的中型城市。如果從倫敦出發的話，派丁頓車站（Paddington Railway Station）每天發往威爾斯的西行列車多會經會此地，車程約莫三個小時。到達赫瑞福德後，火車站廣場外便是公車始發站，請認準 2 號站牌，並由此轉乘 39 路公車，取道彼得教堂（Peterchurch）到達海伊鎮。單程車票約 7.5 英鎊。

　　乘公車前往海伊時，有兩點必須注意：

　　第一，鄉間公車班次不多且時刻表變動較大，同時，為配合小鎮作息，各車班下午五、六點後大多就停止發車，因此在規劃旅程時，須提前查好銜接的班次，以免撲空、向隅（建議善加利用英國的 Travel Line 網站，資訊較新）。第二，由於海伊不是這班車的終點站，再加上鄉村公車絕少報站名，如果不留意很容易坐過頭。除了可以請司機協助提醒外，也不妨以海伊古堡為標誌，因為海伊鎮的公車站牌就在古堡腳下。

同場加映

1. 海伊鎮官方網站（Hay-on-Wye Official Website）：
   http://www.hay-on-wye.co.uk/
2. 英國國家鐵路入口網（National Railway Enquiries）：
   http://www.nationalrail.co.uk/
3. 英國旅遊專線（Travel Line）：
   http://www.traveline.info/
4. 赫瑞福德郡大眾交通運輸時刻表：
   https://www.herefordshire.gov.uk/transport-and-highways/public-transport/travelling-by-bus/

住宿

　　由於海伊鎮實在有些偏遠，除非你就住在周邊的小鎮，不然無論從哪裡過來，大概都很難愜意地一日往返。對旅人而言，當過夜成為

必須，住宿問題便異常重要了。在海伊鎮，因為長年有觀光客來往此地，住宿選擇相當齊全，B&B、平價旅館和高級酒店等不一而足，可視自己的需求選擇。除了可以參考官方網站上的住宿資訊外，亦可直接透過 Booking.com、Agoda、Hotels.com 等大型線上訂房網站查詢。不過，鎮內有提供線上訂房服務的旅店有限，若網上一房難求時，可以嘗試官方網站所列的住宿清單，逐一寫信或打電話聯繫那些不曾在網站登錄的旅店。

值得一提的是，想省點花費並參與當地人生活的話，可以選擇 Airbnb 這種新興的線上民宿訂房網，在海伊鎮有不少居民在該平臺提供住宿，我便是透過 Airbnb 找到在海伊鎮落腳兩週的住處。此外，這裡也可以打工換宿，可以上 Help Exchange （HelpX）網站查詢合適的雇主。

書店

1 **Addyman Annexe**

Address	27 Castle Street, Hay-on-Wye, HR3 5DF
Proprietor	Marion Kramer / Simon Pettifar
Tel	01497821600
Fax	01497821732
Website	http://www.hay-on-wyebooks.com/
營業時間	週一至週六：早上 10:00 － 下午 5:30 週日：早上 10:30 － 下午 5:30（12/25、12/26 和 1/1 公休）

2 Addyman Books

Address	39 Lion Street, Hay-on-Wye, HR3 5AA
Proprietor	Anne & Derek Addyman / Paula Chihaoua
Tel	01497821136
Fax	01497821732
Website	http://www.hay-on-wyebooks.com/
營業時間	週一至週六：早上 10:00 － 下午 5:30 週日：早上 10:30 － 下午 5:30（12/25、12/26 和 1/1 公休）

3 Murder and Mayhem

Address	5 Lion Street, Hay-on-Wye, HR3 5AA
Proprietor	Anne & Derek Addyman / Paula Chihaoua
Tel	01497821613
Fax	01497821732
Email	sales@haycinemabookshop.co.uk
Website	http://www.hay-on-wyebooks.com/
營業時間	週一至週六：早上 10:00 － 下午 5:30 週日：早上 10:30 － 下午 5:30（12/25、12/26 和 1/1 公休）

4 C. Arden Bookseller

Address	The Nursery, Forest Road, Hay-on-Wye, HR3 5DT
Proprietor	Darren Bloodworth
Tel	01497820471
Fax	01497821732
Email	sales@haycinemabookshop.co.uk
Website	http://www.hay-on-wyebooks.com/
營業時間	週一至週六：早上 10:00 － 下午 5:30 週日：早上 10:30 － 下午 5:30（12/25、12/26 和 1/1 公休）

5 Hay Cinema Bookshop

Address	Castle Street, Hay-on-Wye, HR3 5DF
Proprietor	Deb Clark
Tel	01497820071
Fax	01497 821900
Email	sales@haycinemabookshop.co.uk
Website	http://www.haycinemabookshop.co.uk/
營業時間	週一至週六：早上 9:00 － 晚上 7:00 週日：早上 11:30 － 下午 5:30

6 Francis Edwards

Address	First Floor Hay Cinema Bookshop, Hay-on-Wye, HR3 5DF
Proprietor	Deb Clark
Tel	01497820071
Fax	01497 821900
Email	sales@francisedwards.co.uk
Website	http://www.francisedwards.co.uk/
營業時間	週一至週六：早上 9:00 － 晚上 7:00 週日：早上 11:30 － 下午 5:30

7 Rose's Books

Address	14 Broad Street, Hay-on-Wye, HR3 5DB
Proprietor	Catriona Charlesworth & Lorna Evans
Tel	01497820013
Fax	01497821554
Email	enquiry@rosesbooks.com
Website	www.rosesbooks.com
營業時間	早上 9:30 － 下午 5:30 12/25、12/26 公休。

8 The Poetry Bookshop

Address	Ice House, Brook Street, Hay-on-Wye, HR3 5BQ
Proprietor	Tel: 01497821812
Tel	Fax: 01497821554
Fax	Email: sales@poetrybookshop.co.uk
Email	Website: http://www.poetrybookshop.com/
Website	http://www.hay-on-wyebooks.com/
營業時間	週一至週六：早上 10:00 － 下午 6:30 週日：早上 11:00 － 下午 5:00

9 The King of Hay

Address	5a Castle Street, Hay-On-Wye, HR3 5DF
Tel	01497820503
Email	books@haycastle.demon.co.uk
Website	www.richardkingofhay.com
營業時間	週一至週六：下午 1:00 － 下午 4:00（週日公休）

10 C10 The Children's Bookshop

Address	Toll Cottage, Pontvaen, Hay on Wye, HR3 5EW
Tel	01497821083
Email	sales@childrensbookshop.com
Website	https://childrensbookshop.com/
營業時間	週一至週六：上午 9:30 － 下午 5:30（週日公休） 週日：上午 9:30 － 下午 5:30（僅 3/29、4/5、4/12 適用）

11 Richard Booth's Bookshop

Address	44 Lion Street, Hay on Wye, HR3 5AA
Tel	01497820322
Email	books@boothbooks.co.uk
Website	http://www.boothbooks.co.uk/
營業時間	週一至週五：上午 9:30 －下午 5:30 週六：上午 9:30 －晚上 7:00 週日：上午 11:00 －下午 5:30 聖誕節、節禮日（Boxing Day）和復活節的週日公休。

12 Mostly Maps.com

Address	2 Castle Street, Hay on Wye, HR3 5DF
Tel	01497820539
Email	info@mostlymaps.com
Website	http://www.mostlymaps.com/
Twitter	@mostlymaps.com
Facebook	https://www.facebook.com/mostlymaps

13 Haystacks Music and Books

Address	Backfold, Hay-on-Wye, HR3 5EQ
Tel	07527298199

14 Hay-on-Wye Booksellers

Address	13-14 High Town, Hay-on-Wye, HR3 5AE
Tel	01497820352
Fax	01497820382
Website	www.hayonwyebooksellers.com
營業時間	上午 9:00 －下午 6:00（無公休）

15 Hancock & Monks Music

Address	6 Broad St, Hay-on-Wye, HR3 5DB
Tel	01591610555
Email	jerry@hancockandmonks.co.uk
Website	www.hancockandmonks.com

16 Greenways Books and Magazines

Address	Backfold, Hay-on-Wye, HR3 5EQ
Tel	01497820443
Fax	01497820382
Email	geordenfish@aol.com

17 Fleur de Lys

Address	5 St. John's Place, Hay-on-Wye, HR3 5BN. (Next to Kilvert's Inn)
Tel	07792545675/ 01874665487
Email	mjhobday@btopenworld.com

18 Broad Street Antiques & Book Centre

Address	6 Broad St, Hay-on-Wye, Hereford HR3 5DB
Tel	01497821919
Email	broadstreet.books@btinternet.com
營業時間	04 月到 10 月：上午 10:30 －下午 5:00（無公休） 11 月到 03 月：上午 10:30 －下午 4:30（無公休）

19 Boz Books

Address	13A Castle St, Hay-on-Wye, HR3 5DF
Tel	01497821277
Email	sales@bozbooks.co.uk
Website	www.bozbooks.co.uk
營業時間	週一到週六：上午 10:00 －下午 4:00（週日公休，11 月到 3 月時間可能微調）

20 Belle Books

Address	15A Broad St, Hay-on-Wye, HR3 5DB(Behind Rose's Books)
Tel	01497821292
Email	bookfiend@btinternet.com

21 Backfold Books and Bygones

Address	Oxford Road, Hay-on-Wye, HR3 5DG
Tel	01497820171
Email	sales@bozbooks.co.uk
Website	www.bozbooks.co.uk

22 Ashbrook Garage

Address	Clyro, Hay-on-Wye, HR3 5RZ
Tel	01497821046

23　Oxford House Books

Address	21 Broad St, Hay-on-Wye, HR3 5DB
Tel	01497821919
Email	oxfordhousebooks@aol.com
Website	www.oxfordhousebooks.com

Tips 2 塞德伯（Sedbergh）

交通

　　塞德伯位處英格蘭，正介於約克郡的戴爾斯國家公園（Yorkshire Dales National Park）以及著名的湖區（Lake District National Park）之間，周邊發達的觀光業使這個書鎮交通相當便捷，由各地發往、途經塞德伯的公車多不勝數，在此不一一列舉，旅客可以參考附錄中的網站查詢時刻表。如果是從倫敦出發的旅客，最便捷的方式是搭火車到湖區的門戶奧克斯赫站（Oxenholme），由此轉乘 564 路公車前網塞德伯鎮內。

同場加映

1. 塞德伯官方網站（Sedbergh Official Website）：
   http://sedberghbooktown.co.uk/
2. 英國國家鐵路入口網（National Railway Enquiries）：
   http://www.nationalrail.co.uk/
3. 英國旅遊專線（Travel Line）：
   http://www.traveline.info/
4. 坎布利亞省（Cumbria）大眾交通運輸時刻表：
   http://www.cumbria.gov.uk/roads-transport/public-transport-road-safety/
   transport/publictransport/busserv/timetables
5. 南湖區社區發展協會大眾交通運輸時刻表：
   http://www.sedberghcdc.org.uk/timetable.php?sort=0

6. 西戴爾斯大眾交通運輸時刻表：

  http://www.westerndalesbus.co.uk/page_2898635.html

住宿

　　塞德伯腹地雖小，但當地的住宿選擇相當豐富，B&B、平價旅館和高級酒店等不一而足，可視自己的需求選擇。其中，位於主街上的旅店有兩間，分別是公牛酒店（The Bull Hotel）和戴爾斯人鄉村客棧（The Dalesman Country Inn），一下公車便可以抵達，相當便捷。若欲事先訂房，除了可以參考塞德伯官方網站上的住宿資訊外，亦可直接透過 Booking.com、Agoda、Hotels.com 等大型線上訂房網站查詢。不過，鎮內有提供線上訂房服務的旅店有限，若網上一房難求時，可以嘗試官方網站所列的住宿清單，逐一寫信或打電話聯繫那些不曾在網站登錄的旅店。

書店

1 **Westwood Books**

Address	Long Lane, Sedbergh, LA10 5AH
Tel	01539621233
Email	books@westwoodbooks.co.uk
Website	www.westwoodbooks.co.uk
營業時間	早上 10:30 － 下午 5:00（無公休）

2 Sedbergh Information & Book Centre
(Dales & Lakes Book Centre)

Address	72 Main Street, Sedbergh LA10 5AD
Tel	01539620125
Email	tic@sedbergh.org.uk
Website	www.sedbergh.org.uk/infocentre
營業時間	早上 10:00 － 下午 4:00（無公休）

3 Sleepy Elephant Books and Country Walking

Address	41 Main Street, Sedbergh LA10 5BL
Tel	01539621770
Email	info@thesleepyelephant.co.uk
Website	www.thesleepyelephant.co.uk

4 Patch and Fettle

Address	75 Main Street, Sedbergh LA10 5AB
Tel	01539622123
Website	www.patchandfettle.co.uk

5 Avril's Books at Farfield Mill

Address	Garsdale Rd, Sedbergh LA10 5LW
Tel	01539621958/ 07967638503
Email	avrilsbooks@aol.com
營業時間	早上 10:30 － 下午 4:30（無公休）

6 Old School Bookshop at Farfield Clothing

Address	The Old School/Joss La, Sedbergh LA10 5AS
Tel	01539620169
Email	info@farfield.co.uk
Website	www.farfield.co.uk
營業時間	早上 10:00 － 下午 5:00（週日公休）

7 Old School Bookshop at Farfield Clothing

Address	The Old School/Joss La, Sedbergh LA10 5AS
Tel	01539620169
Email	info@farfield.co.uk
Website	www.farfield.co.uk
營業時間	早上 10:00 － 下午 5:00（週日公休）

8 Clutterbooks

Address	77 Main Street, Sedbergh, LA10 5AB

Tips 3　維格城（Wigtown）

交通

　　維格城位處蘇格蘭西南的鄧弗里斯與蓋洛維省（Dumfries and Galloway），因為較為偏僻、遠離省內的主要鐵路網，若要造訪該地，自行駕車會是最為簡便的方式。若須借助大眾運輸工具，可由兩個鄰近的火車站轉乘公車到維格城。這兩個車站為鄧弗里斯站（Dumfries）和史特蘭瑞爾站（Stranraer），分別位於該省的東西兩端點。有一班500路公車銜接兩地，旅客可以視自己出發地，選擇到達鄧弗里斯站或史特蘭瑞爾站。一般而言，從南方北上以鄧弗里斯站較為便捷；從北方南下的話，格拉斯哥（Glasgow）有直達史特蘭瑞爾的火車。總之，無論你是從哪地搭乘500路公車，請記得在牛頓斯圖爾特（Newton Stewart）站下車，並在同一個公車轉運點轉乘415路公車，前往約15分鐘車程外的維格城。

　　乘公車前往維格城時，有四點必須注意：

　　第一，此地和海伊相同，公車班次不多且時刻表變動較大，且下午五、六點後就停止發車，建議善加利用英國的 Travel Line 網站，提前查好銜接的班次。第二，由於維格城不是這班車的終點站，除了請司機協助提醒，不妨以維格城的中央公園為標誌，因為公車站牌就在公園旁邊。第三，若欲從史特蘭瑞爾搭乘500路公車，請注意上車點並不在火車站旁，而是在洛多碼頭（Port Rodle）邊，可從火車站步行

或轉乘公車前往。第四，500 路公車由卡萊爾（Carlisle）的公車總站始發，如果有旅客正好在卡萊爾一帶，便不需要特意搭車到鄧弗里斯，直接從卡萊爾出發即可。

同場加映

1. 維格城官方網站（Wigtown Official Website）：
   http://www.wigtown-booktown.co.uk/
2. 英國國家鐵路入口網（National Railway Enquiries）：
   http://www.nationalrail.co.uk/
3. 英國旅遊專線（Travel Line）：
   http://www.traveline.info/
4. 鄧弗里斯與蓋洛維省大眾交通運輸時刻表：
   http://www.dumgal.gov.uk/timetables

住宿

　　維格城雖然規模不大，但當地的住宿選擇上算充足，B&B、旅館、自助式短租公寓應有盡有，可視自己的需求選擇。若遇事先訂房，除了可以參考維格城官方網站上的住宿資訊外，這裡也同樣可以透過 Booking.com、Agoda 等大型線上訂房網站查詢。不過，由於提供線上訂房服務也同樣有限，若在旅遊旺季時（如維格城文學節），可參考官方網站的住宿清單，逐一聯繫那些不在網站登錄的旅店。（注意：不要不小心搜尋到英國的另一個小鎮 Wigton 喔！）

1 The Old Bank Bookshop

Address	7 South Main Street, Wigtown, DG8 9EH
Proprietor	Ian & Joyce Cochrane
Tel	01988402111 Mob: 07771993949
Email	oldbankbookshop@gmail.com
Facebook	TheOldBankBookShop
Twitter	@OldBankBooks #oldbank
營業時間	03 月到 10 月：早上 10:00 －下午 5:30（無公休） 11 月到 02 月：早上 10:30 －下午 5:00（週日公休）

2 Reading Lasses Bookshop & Café

Address	17 South Main Street, Wigtown, DG8 9EH
Managing Partners	Susan &Gerrie Douglas-Scott
Tel	01988403266
Email	books@reading-lasses.com
Website	www.reading-lasses.com
營業時間	一般：早上 9:00 －晚上 7:00（無公休，聖誕節和新年僅 12/27-12/30 營業） 冬季：早上 9:00 －下午 5:00

3 Historic Newspapers

Address	11 North Main Street, Wigtown, DG8 9HN
Managing Partners	Susan &Gerrie Douglas-Scott
Tel	08446699900
Website	www.gonedigging.co.uk www.signature-gifts.co.uk www.historic-newspapers.co.uk

4 WebbooksUK.com Ltd

Address	25 Bladnoch, Wigtown, DG8 9AB
Managing Partners	Susan &Gerrie Douglas-Scott
Tel	01988402190
Email	Webbooks@waitrose.com
Website	www.webbooksUK.com

5 At The Sign of the Dragon

Address	St Ninians, New Road, Wigtown, DG8 9JL
Proprietor	Richard van der Voort
Tel	01988403446
Email	wigtowndragon@gmail.com
Website	www.atthesignofthedradon.co.uk
營業時間	早上 11:00 －下午 4:00（可另行預約）

6 Beltie Books and Café

Address	6 Bank Street, Wigtown, DG8 9HP
Proprietor	Andrew Wilson
Tel	01988402730
Email	shop@beltiebooks.co.uk
Website	www.beltiebooks.co.uk
營業時間	週三到週六：上午 10:00 －下午 4:00 週日：中午 12:00 －下午 4:00 週一、週二公休，但每逢國定假日和維格城文學節則會照常營業。

7 Book Corner

Address	2 High Street, Wigtown, DG8 9HQ
Proprietor	Marion Spencer
Tel	01988 402010
Email	marion.spencer1@btinternet.com
營業時間	04 月到 10 月：早上 10:00 － 下午 4:00（週日公休） 11 月到 03 月：早上 11:00 － 下午 4:00（週日公休）

8 The Book End Studio

Address	23 North Main Street, Wigtown, DG8 9HL
Proprietor	Julie Houston
Tel	01988 402403
Email	houston1974@hotmail.com
營業時間	週一：中午 12:00 － 下午 2:00 週二、週四、週五、週六：上午 10:00 － 下午 2:30 週三、週日公休。

9 Bookrests（網路營業）

Address	15 Main Street, Bladnoch, Wigtown, DG8 9AB
Proprietor	Kevin Witt
Tel	01988 404047
Fax	kevinwitt@gmail.com
Website	http://www.amazon.co.uk/shops/A2I7K7SPB6W2SY

10 **The Bookshop**

Address	17 North Main Street, Wigtown, DG8 9HL
Proprietor	Shaun Bythell
Tel	01988 402499
Email	mail@the-bookshop.com
Website	www.the-bookshop.com
營業時間	早上 9:00 － 下午 5:00（週日公休）

11 **The Box of Frogs Children's Bookshop**

Address	18 North Main Street, Wigtown, DG8 9HL
Proprietor	Fiona Murphie
Tel	01988 402255
Email	theboxoffrogs@btconnect.com
Website	www.froggybox.co.uk
營業時間	04 月到 09 月：早上 10:00 － 下午 5:00（週日公休） 10 月到 03 月：早上 10:00 － 下午 4:30（週日公休）

12 **GC Books Ltd**（網路營業）

Address	Unit 10 Book Warehouse, Bladnoch Bridge Estate, Wigtown, DG8 9AB
Tel	01988 402688
Email	gcbooks@btinternet.com
Website	www.gcbooks.co.uk

13 Byre Books

Address	24 South Main Street, Wigtown, DG8 9EH
Proprietor	Laura Mustian and Shani Mustian
Tel	0845 458 3813 (UK calls at local rates)/Int. 0044(0)1988 402133
Email	info@byrebooks.co.uk
Website	www.byrebooks.co.uk
營業時間	03 月到 10 月:早上 10:00－下午 5:30(週日早上 11:00－下午 4:30) 11 月到 02 月:早上 10:00－下午 4:30(週日早上 11:00－下午 4:30)

14 Glaisnock Café, Guest House and Bookshop

Address	20 South Main Street, Wigtown, DG8 9EH
Tel	01988 402249
Email	enquiries@glaisnockhouse.co.uk
Website	http://www.glaisnock.co.uk
營業時間	03 月到 10 月:早上 9:00－下午 5:00 11 月到 02 月:早上 9:00－下午 4:00(週日公休)

二魚文化 · 文學花園

帶您看見華文世界最迷人的文學風景

C057	味覺的土風舞——飲食文學與文化國際學術研討會論文集	焦 桐 著	定價 320 元
C056	台灣四季——日據時期台灣短歌選	陳 黎、上田哲二 主編	定價 220 元
C055	菜書	胡 弦 著	定價 240 元
C054	我的房事	焦 桐 著	定價 250 元
C053	2007 臺灣詩選	白 靈 主編	定價 250 元
C052	食桌情景	池波正太郎 著	定價 320 元
C051	2006 臺灣詩選	焦 桐 主編	定價 280 元
C050	家離水邊那麼近	吳明益 著	定價 290 元
C049	睡眠的航線	吳明益 著	定價 290 元
C048	舌尖上的嘉年華	Jeffrey Steingarten 著	定價 360 元
C047	大嘴巴和醜女孩	Joyce Carol Oates 著	定價 260 元
C045	我相信	卡洛斯・富安蒂斯 著	定價 340 元
C043	失落的蔬果	劉克襄 著	定價 250 元
C041	慢慢走	王盛弘 著	定價 280 元
C040	化妝間	王安憶 著	定價 220 元

訂購方式

郵撥帳號：19625599

戶名：二魚文化事業有限公司

4 本以下 9 折，5 ～ 9 本 85 折，10 本以上 8 折

（購書金額若未滿 500 元，需加收郵資 50 元）

二魚文化　閃亮人生　B040

書・城・旅・人 Wanderlust For Books

作　　者　李亞臻
責任編輯　林家鵬
封面設計　費得貞
內頁設計　萬亞雰
封面繪圖　陳怡揚
行銷企劃　溫若涵
讀者服務　詹淑真

出 版 者　二魚文化事業有限公司
發 行 人　葉　珊
　　　　　地址　106 臺北市大安區和平東路一段 121 號 3 樓之 2
　　　　　網址　www.2-fishes.com
　　　　　電話　(02)23515288
　　　　　傳真　(02)23518061
　　　　　郵政劃撥帳號　19625599
　　　　　劃撥戶名　二魚文化事業有限公司
法律顧問　林鈺雄律師事務所

總 經 銷　大和書報圖書股份有限公司
　　　　　電話　(02)89902588
　　　　　傳真　(02)22901658

製版印刷　彩達印刷有限公司
初版一刷　二〇一五年五月
Ｉ Ｓ Ｂ Ｎ　978-986-5813-53-6
定　　價　三四〇元

國家圖書館出版品預行編目(CIP)資料

書.城.旅.人 / 李亞臻著. -- 初版. --
臺北市 : 二魚文化, 2015.05 224面 ;
14.8×21公分. -- (閃亮人生 ; B040)
ISBN 978-986-5813-53-6 (平裝)
1.書業 2.文化 3.英國

487.641　　　　　　　104004785

二魚文化　讀者回函卡

讀者服務專線：（02）23515288

感謝您購買此書，為了更貼近讀者的需求，出版您想閱讀的書籍，請撥冗填寫回函卡，二魚將不定時提供您最新出版訊息、優惠活動通知。
若有寶貴的建議，也歡迎您 e-mail 至 2fishes@2-fishes.com，我們會更加努力，謝謝！

姓名：＿＿＿＿＿＿＿＿＿　性別：□男　□女　職業：＿＿＿＿＿＿＿

出生日期：西元 ＿＿＿ 年 ＿＿ 月 ＿＿ 日 E-mail：＿＿＿＿＿＿＿＿＿＿＿＿＿＿＿＿＿

地址：□□□□□ ＿＿＿＿＿＿ 縣市 ＿＿＿＿＿＿ 鄉鎮市區 ＿＿＿＿＿ 路街 ＿＿＿ 段
＿＿＿ 巷 ＿＿＿ 弄 ＿＿＿ 號 ＿＿＿ 樓

電話：（市內）＿＿＿＿＿＿＿＿　（手機）＿＿＿＿＿＿＿＿＿

1. 您從哪裡得知本書的訊息？

□逛書店時
□逛便利商店時
□上量販店時
□朋友強力推薦
□網路書店（站名：＿＿＿＿＿＿）

□看報紙（報名：＿＿＿＿＿＿）
□聽廣播（電臺：＿＿＿＿＿＿）
□看電視（節目：＿＿＿＿＿＿）
□其他地方，是 ＿＿＿＿＿＿

2. 您在哪裡買到這本書？

□書店，哪一家 ＿＿＿＿＿＿＿
□量販店，哪一家 ＿＿＿＿＿＿
□便利商店，哪一家 ＿＿＿＿＿＿

□網路書店，哪一家 ＿＿＿＿＿＿
□其他 ＿＿＿＿＿＿＿＿＿＿

3. 您買這本書時，有沒有折扣或是減價？

□有，折扣或是買的價格是 ＿＿＿＿＿＿
□沒有

4. 這本書哪些地方吸引您？（可複選）

□內容剛好是您需要的
□價格便宜
□是您喜歡的作者

□封面設計很漂亮
□內頁排版閱讀舒適
□您是二魚的忠實讀者

5. 哪些主題是您感興趣的？（可複選）

□新詩 □散文 □小說 □商業理財 □藝術設計 □人文史地 □社會科學
□自然科普 □醫療保健 □心靈勵志 □飲食 □生活風格 □旅遊 □宗教命理 □親子教養
□其他主題，如：＿＿＿＿＿＿＿＿＿＿＿＿＿＿＿＿

6. 對於本書，您希望哪些地方再加強？或其他寶貴意見？

＿＿＿＿＿＿＿＿＿＿＿＿＿＿＿＿＿＿＿＿＿＿＿＿＿＿＿＿＿＿＿＿

＿＿＿＿＿＿＿＿＿＿＿＿＿＿＿＿＿＿＿＿＿＿＿＿＿＿＿＿＿＿＿＿

106 臺北市大安區和平東路一段 121 號 3 樓之 2

二魚文化事業有限公司 收

閃亮人生系列

B040　書・城・旅・人

●姓名

●地址

請沿線剪下後，對折以膠帶黏貼，免貼郵票，直接投入郵筒寄回！

二魚文化